高职高专　工业机器人专业系列教材

川崎工业机器人与自动化生产线

主　编　詹国兵　王建华　孟宝星

参　编　权　宁　纪海宾　邢方方

主　审　吉　智

西安电子科技大学出版社

内 容 简 介

本书以川崎 RS10N 工业机器人和天津龙洲 RB0105 实训台为例，较为系统地介绍了典型工业机器人和典型自动化生产线的操作、编程和调试等专业知识和技能。全书共分 7 个模块，43 个任务。

本书除了注重理论的系统性和完整性以外，还特别注重工程应用，力图把企业项目融入教学之中，突出体现高端职业技能、新兴职业技能、长周期职业技能、前瞻性职业技能的开发。

本书适合作为高职高专工业机器人、机电一体化、机械制造自动化和数控技术等相关专业的教学用书，同时也可供相关专业工程技术人员参考使用。

图书在版编目(CIP)数据

川崎工业机器人与自动化生产线 / 詹国兵，王建华，孟宝星主编. —西安：西安电子科技大学出版社，2018.6(2023.8 重印)

ISBN 978-7-5606-4922-1

Ⅰ. ① 川… Ⅱ. ① 詹… ② 王… ③ 孟… Ⅲ. ① 工业机器人—自动生产线 Ⅳ. ① TP242.2

中国版本图书馆 CIP 数据核字(2018)第 093981 号

策　　划　高　樱
责任编辑　阎　彬
出版发行　西安电子科技大学出版社(西安市太白南路 2 号)
电　　话　(029)88202421　88201467　　邮　　编　710071
网　　址　www.xduph.com　　　　电子邮箱　xdupfxb001@163.com
经　　销　新华书店
印刷单位　西安日报社印务中心
版　　次　2018 年 6 月第 1 版　2023 年 8 月第 2 次印刷
开　　本　787 毫米×1092 毫米　1/16　印　张　17.25
字　　数　409 千字
印　　数　3001～4000 册
定　　价　43.00 元
ISBN　978-7-5606-4922-1 / TP
XDUP　5224001-2
如有印装问题可调换

前　言

在现代工业生产中，生产任务往往需要数台甚至数十台的工业机器人分工位分任务地完成，并且工业机器人与工业机器人之间存在着协同工作，即：将两台以及更多台的工业机器人连接起来组成自动化生产线，进而实现协同工作。因此，工业机器人与自动化生产线系统编程必将成为广大科技人员不可缺少的基础知识。在这个意义上，"工业机器人与自动化生产线系统"课程对培养新时代的科技人员有着重要的作用和意义。

本书依循由浅入深、理论严谨、结构合理、体例统一、文字精练、易于理解的原则，以典型智能制造生产线实训台为例，系统地介绍了工业机器人及自动化生产线的基础知识，阐述了工业机器人编程、操作与运维及智能制造生产线编程与调试，并详细阐明了工业机器人与智能制造生产线系统集成编程编程与调试。书中注重介绍工业机器人与典型工业设备集成设计的内容，强化了各种通信技术、控制技术和工程实践能力的培养，旨在使学生具备工业机器人和智能制造生产线基本操作、现场编程和系统集成等方面的基本理论、基本知识和基本技能，掌握工业机器人运维员、工业机器人系统集成员等岗位要求的工作岗位职业能力及相应"1+X"职业技能等级证书所要求的知识和技术能力。

本书秉承"三元融入、三层递进"育人模式的理念和思路，围绕工业机器人基本操作、工业机器人现场编程、工业机器人系统集成等技术技能要求，融入行业元素、岗位元素、"1+X"元素，构建知识层阶、技能层阶，素养层阶的三层递进体系，并围绕以"敬业，精益，专注，创新"工匠精神的主线，落实课程育人目标。除了注重理论的系统性和完整性以外，还特别注重工程应用，力图把企业项目融入教学之中，突出体现高端职业技能、新兴职业技能、长周期职业技能开发、前瞻性职业技能的开发。本书的显著特色是：

第一，介绍了实用有效的工业机器人及智能制造生产线的基础知识，便于学生理解和掌握。

第二，内容既系统又简明，既注重理论又强调实际。本书以天津龙洲 RB0105 实训台为例介绍了工业机器人与供料检测站、模拟加工站、模拟焊接站、模拟装配站、立体仓库单元、整条生产线的系统集成编程与联调，内容非常接近工业生产制造现场的情况。

第三，包含了实际工程中的多种案例，便于培养学生理论联系实际、把所学理论应用于实际以解决工程问题的思维，而且部分习题同样富有实际应用价值。

第四，包括具有工程实际背景的讨论题，并给出了相应解答，以便学生更好地理解和掌握所学知识。

本书的模块一"认识工业机器人"及模块七"工业机器人外围典型工业设备"由王建

华编写，模块二"认识自动化生产线"由纪海宾编写，模块三"工业机器人示教与操作"由孟宝星、詹国兵编写，模块四"川崎工业机器人实训"及模块五"柔性制造生产线编程与调试"由詹国兵编写，模块六"工业机器人与自动化生产线集成"由权宁编写。文献整理等工作由邢方方完成，本书统稿由詹国兵完成，主审由吉智完成。

本书可作为高职高专相关专业的教学用书，也可供机械制造自动化、机电一体化和数控技术等相关专业参考使用。

本书在编写过程中，参考了国内外一些资料，限于篇幅，书中参考文献中只列出了其中的一部分。在此，谨向原作者及编者表示衷心感谢！

由于编者水平有限，书中难免有疏漏和不妥之处，恳请广大读者批评指正。

编　者
2023.6

目　　录

模块一　认识工业机器人

【模块目标】

了解机器人的起源和发展；掌握工业机器人的组成、分类、工作原理和技术参数；能正确地使用工业机器人常用传感器。

◇◇◇◇◇◇　任务 1.1　机器人的起源与发展　◇◇◇◇◇◇

【任务目标】

了解机器人"Robot"一词的起源，掌握机器人三原则；了解机器人的发展历程，掌握机器人发展的三个阶段；了解机器人未来发展趋势。

【学习内容】

一、机器人起源与发展

1920 年，捷克作家卡雷尔·卡佩克(Karel Capek)发表了科幻剧本《洛桑的万能机器人》(Rossum's Universal Robots)。该剧本中把捷克语"Robota"写成了"Robot"，Robot 即成为机器人一词的起源。1950 年，美国作家艾萨克· 阿西莫夫(Isaac Asimov)在他的科幻小说《我，机器人》(I, Robot)中首次使用了"Robotics"，即"机器人学"。阿西莫夫提出了"机器人三原则"，学术界一直将这三原则作为机器人开发的准则，阿西莫夫因此被称为"机器人学之父"。机器人三原则分别为：

(1) 机器人不应伤害人类，且在人类受到伤害时不可袖手旁观；

(2) 机器人应遵守人类的命令，与第一条违背的命令除外；

(3) 机器人应能保护自己，与第一条相抵触者除外。

1954 年，美国人乔治·德沃尔(George Devol)提出了第一个工业机器人方案，该方案在 1956 年获得美国专利。1959 年，美国通用机械(Unimation)公司成立，生产和销售了他们的第一台工业机器"Unimate"机器人，即万能自动之意。1963 年，美国 AMF 公司研制出第一台工业机器人。1974 年，第一台计算机控制的机器人产生。1982 年，出现示教再现机器人。机器人发展历程如表 1-1 所示。

表 1-1　机器人发展历程

序号	发　展　历　程
1	我国东汉张衡发明指南车，机器人雏形。
2	1959 年，美国 Unimation 公司生产和销售了第一台工业机器人"Unimate"机器人。
3	1963 年，美国 AMF 公司研制出第一台工业机器人。
4	1974 年，研制出计算机控制的机器人。
5	1982 年，出现示教再现机器人。

20 世纪 80 年代，机器人在发达国家的工业中大量普及应用，如焊接、喷漆、搬运、装配，并向各个领域拓展，如航天、水下、排险、核工业等，机器人的感知技术得到相应的发展，产生了第二代机器人。20 世纪 90 年代，机器人技术在发达国家应用更为广泛，如军用、医疗、服务、娱乐等领域，并开始向智能型(第三代)机器人发展。

工业机器人的发展一般可以分成三代，分别是：

(1) 第一代"示教再现"机器人：通过手动或其他方式，先引导机器人动作，记录下工作程序，机器人则自动重复进行作业。

(2) 第二代感知型机器人：利用传感器获取的信息控制机器人的动作，机器人对环境有一定的适应性，如装了视觉摄像机指导机器人作业。

(3) 第三代智能机器人：机器人具有感知和理解外部环境的能力，即使环境发生变化，也能够成功地完成任务，具有自主决策、未来预测等功能。

二、机器人的发展现状及趋势

1. 小型化与微型化

就目前各国的研究现状而言，微型机器人大多还处于实验室或原型开发阶段，但可以预见，微型机器人将广泛出现。

由德国工程师莱纳尔·格茨恩发明的微型机器人，可直接由针头注射进入人体血管、尿道、胆囊或肾脏。它依靠微型磁铁驱动器前进，由医生通过遥控器指挥，既可用于疾病诊断，也可用于如动脉硬化、胆结石等管腔阻塞类疾病的治疗，还能听从医生指挥，将药物直接送达需要医治的患病器官，以取得更好的治疗效果。当这种微型机器人完成工作后，医生便可以像抽血那样用针头将它抽出来。

未来，在工业领域，将会出现能进入小管道甚或裂缝，进行检测与维护的工业用微型机器人，以及各种微型传感器、微型机电产品，如掌上电视等。在军事领域，将有小如昆虫的飞行器，用于侦察敌情，以及装有自动驾驶系统，能在海底航行数年的微型潜艇等。

2. 智能化

目前智能机器人的智力最高也只相当于两三岁幼儿的智力水平。将来，高智能的机器人将越来越多，其智力水平也一定会不断提高，慢慢地达到七八岁、十几岁少年甚至青年人的智力水平。

◇◇◇◇◇◇ 任务 1.2　机器人的定义与分类　◇◇◇◇◇◇

【任务目标】

掌握机器人的定义和分类；了解机器人的主要用途。

【学习内容】

一、机器人的定义

美国机器人协会(RIA)对机器人定义为："机器人是用以搬运材料、零件、工具的，可编程序的多功能操作器或是通过可改变程序动作来完成各种作业的特殊机械装置。"

日本工业机器人协会(JIRA)的定义："工业机器人是一种装备有记忆装置和末端执行器(end effector)的，能够转动并通过自动完成各种移动来代替人类劳动的通用机器。"

美国国家标准局(NBS)的定义："机器人是一种能够进行编程并在自动控制下执行某些操作和移动作业任务的机械装置。"

国际标准化组织(ISO)的定义："机器人是一种自动的、位置可控的、具有编程能力的多功能机械手，这种机械手具有几个轴，能够借助于可编程序操作来处理各种材料、零件、工具和专用装置，以执行种种任务。"

机器人的一般定义是自动执行工作的机器装置。它既可以接受人类指挥，又可以运行预先编制的程序，还可以根据以人工智能技术制定的原则纲领行动。它的任务是协助或取代人类的工作，例如制造、建筑工作，或是危险的工作。

一般认为机器人应具有的共同点为：

(1) 机器人的动作机构具有类似于人或其他生物的某些器官的功能。

(2) 机器人是一种自动机械装置，可以在无人参与下(独立性)，自动完成多种操作或动作功能，即具有通用性；可以再编程，程序流程可变，即具有柔性(适应性)。

(3) 机器人具有不同程度的智能性，如记忆、感知、推理、决策、学习。

二、机器人的分类

机器人的种类很多，可以按驱动形式、用途、结构和智能水平等分类。

1. 按驱动形式分类

(1) 气压驱动机器人。

(2) 液压驱动机器人。

(3) 电驱动机器人。

目前，电驱动是机器人的主流形式，电驱动又分为直流伺服驱动和交流伺服驱动等。

2. 按用途分类

(1) 工业机器人：工业场合应用的机器人，如弧焊机器人、点焊机器人、搬运机器人、装配机器人、喷涂机器人、雕刻机器人、打磨机器人等。

(2) 特种机器人：特殊场合应用的机器人，如空间机器人、水下机器人、军用机器人、服务机器人、医疗机器人、排险救灾机器人和教学机器人等。

工业机器人和特种机器人的主要用途如图 1-1 和图 1-2 所示。

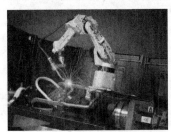
焊接

铆接

喷漆

搬运

铸造

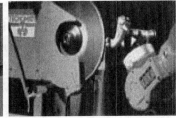
去毛刺

图 1-1 工业机器人主要用途

我国祝融号火星车

水下扫雷机器人

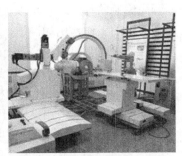
医疗机器人

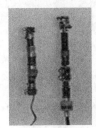
管内机器人

大型喷浆机器人

隧道凿岩机器人

图 1-2 特种机器人主要用途

【任务目标】

掌握工业机器人的定义、基本组成和外观组成；掌握工业机器人的技术参数及其含义；理解 RS10N 川崎机器人的主要技术参数。

【学习内容】

一、我国工业机器人定义

根据最新国家标准 GB/T12643—2013，工业机器人定义为：工业机器人是一种能自动定位控制，可重复编程的、多功能的、多自由度的操作机，能搬运材料、零件或操持工具，用于完成各种作业。

工业机器人不同于机械手。工业机器人具有独立的控制系统，可以通过编程实现动作程序的变化，而机械手只能完成简单的搬运、抓取及上下料工作，它一般作为自动机或自动线上的附属装置，工作程序固定不变。

二、工业机器人基本组成

工业机器人是机械、电子、控制、计算机、传感器、人工智能等多学科技术的有机结合。从控制观点来看，机器人系统可以分成四大部分：执行机构、驱动装置、控制系统、感知反馈系统，如图 1-3 所示。

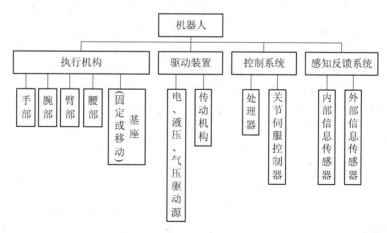

图 1-3 机器人的具体组成部分

(1) 执行机构：包括手部、腕部、臂部、腰部和基座等，相当于人的肢体。

(2) 驱动装置：包括电、液压、气压驱动源及传动机构等，相当于人的肌肉、筋络。

(3) 控制系统：包括处理器及关节伺服控制器等，进行任务及信息处理，并给出控制信号，相当于人的大脑和小脑。

(4) 感知反馈系统：包括内部信息传感器(用于检测位置、速度等信息)、外部信息传感器(用于检测机器人所处的环境信息)，相当于人的感官和神经。

从外观看，工业机器人主要由机器人本体、控制器、示教器三大部件组成，如图1-4所示。

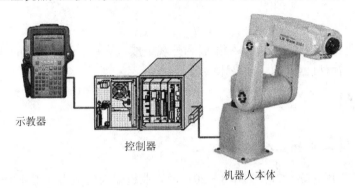

示教器

控制器

机器人本体

图 1-4 机器人的外观结构

三、工业机器人技术参数

(1) 自由度数：衡量机器人适应性和灵活性的重要指标，一般等于机器人的关节数。机器人所需要的自由度数取决于其作业任务。

(2) 负荷能力：机器人在满足其他性能要求的前提下，能够承载的负荷重量。

(3) 工作空间：机器人在其工作区域内可以达到的所有点的集合。它是机器人关节长度和其构型的函数。

(4) 精度：机器人到达指定点的精确程度。它与机器人驱动器的分辨率及反馈装置有关。

(5) 重复定位精度：机器人重复到达同样位置的精确程度。它不仅与机器人驱动器的分辨率及反馈装置有关，还与传动机构的精度及机器人的动态性能有关。

(6) 控制模式：包括引导或点到点示教模式、连续轨迹示教模式、软件编程模式和自主模式。

(7) 最大工作速度：包括单关节速度和各关节合成速度。

举例，川崎 RS10N 机器人的主要技术参数如表1-2所示。

表 1-2 川崎 RS10N 工业机器人技术参数

类　型	多关节式坐标式机器人		
运动自由度	6		
运动范围和最大速度	JT	运动范围	最大速度
	1	±180°	250°/s
	2	+145°～-105°	250°/s
	3	+150°～-163°	215°/s
	4	±270°	365°/s
	5	±145°	380°/s
	6	±360°	700°/s

最大负载	10 kg		
手腕负载能力	JT	力矩	惯性矩
	4	22.0 N·m	0.7 kg·m²
	5	22.0 N·m	0.7 kg·m²
	6	10.0 N·m	0.2 kg·m²
重复定位精度	±0.04 mm		
质量	150 kg		
噪音等级	< 70 dB		

◇◇◇◇◇◇◇ 任务 1.4　工业机器人工作原理　◇◇◇◇◇◇◇

【任务目标】

掌握工业机器人的工作原理；了解简化两关节机器人的建模及独立 PD 迭代学习轨迹跟踪控制的原理。

【学习内容】

一、工业机器人工作原理

工业机器人的工作原理就是模仿人的各种肢体动作、思维方式和控制决策能力。从控制的角度，机器人可以通过以下四种方式来达到这一目标。

1. "示教再现"方式

通过"示教盒"或"手把手"两种方式教机械手如何动作，控制器将示教过程记忆下来，然后机器人就按照记忆周而复始地重复示教动作，如喷涂机器人。

"示教再现"方式是一种基本的工作方式，分为示教—存储—再现三步进行。

(1) 示教：方式有两种，即直接示教——"手把手"和间接示教——"示教盒控制"。

(2) 存储：保存示教信息，包括顺序信息、位置信息和时间信息。

顺序信息：各种动作单元(包括机械手和外围设备)按动作先后顺序的设定、检测等。

位置信息：作业之间各点的坐标值，包括手爪在该点上的姿态，通常总称为位姿(POSE)。

时间信息：各顺序动作所需时间，即机器人完成各个动作的速度。

(3) 再现：根据需要，读出存储的示教信息向机器人发出重复动作的命令。

2. "可编程控制"方式

工作人员事先根据机器人的工作任务和运动轨迹编制控制程序，然后将控制程序输入机器人的控制器，启动控制程序，机器人就按照程序所规定的动作一步一步地去完成，如果任务变更，只要修改或重新编写控制程序即可，非常灵活方便。

大多数工业机器人都是按照以上两种方式工作的。

3. "遥控"方式

由人用有线或无线遥控器控制机器人在人难以到达或危险的场所完成某项任务，如防爆排险机器人、军用机器人、在有核辐射和化学污染环境工作的机器人等。

4. "自主控制"方式

此方式是机器人控制中最高级、最复杂的控制方式，它要求机器人在复杂的非结构化环境中具有识别环境和自主决策能力，也就是要具有人的某些智能行为。

工业机器人控制的目的是使被控对象产生控制者所期望的行为方式。如图 1-5 所示，研究人员搭建被控对象模型，实现输出跟随输入的变化。

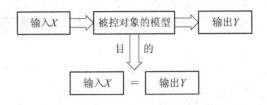

图 1-5　机器人的控制原理

二、案例：两关节机器人的 PD 迭代控制

1. 两关节机器人的动力学模型

以两关节机器人为例，在简化机器人驱动器的执行元件和减速器后，两关节机器人模型如图 1-6 所示。

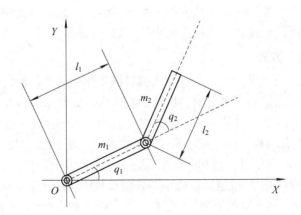

图 1-6　简化两关节机器人模型

两关节机器人的动态性能可由二阶非线性微分方程描述：

$$M(q)\ddot{q} + C(q,\dot{q})\dot{q} + G(q) + F(\dot{q}) = \tau - \tau_d \tag{1-1}$$

式中，$q \in \mathbf{R}^n$ 为关节角位移量，$M(q) \in \mathbf{R}^{n \times n}$ 为机器人的惯性量矩阵，$C(q,\dot{q}) \in \mathbf{R}^n$ 为离心力

和哥氏力项，$G(q) \in \mathbf{R}^n$ 为重力项，$F(\dot{q}) \in \mathbf{R}^n$ 表示摩擦力矩，$\tau \in \mathbf{R}^n$ 为控制力矩，$\tau_d \in \mathbf{R}^n$ 为外加扰动。

如果忽略摩擦力矩 $F(\dot{q})$，式(1-1)可以写成

$$M(q)\ddot{q} + C(q,\dot{q})\dot{q} + G(q) = \tau - \tau_d \tag{1-2}$$

令 $x_1 = q$，$x_2 = \dot{q}$，则式(1-2)可以写成

$$\begin{cases} \dot{x}_1 = x_2 \\ \dot{x}_2 = M^{-1}(x_1)((\tau - \tau_d) - C(x_1, x_2)x_2 - G(x_1)) \end{cases} \tag{1-3}$$

已知 $x = (x_1, x_2)'$，令控制力矩输入 $u = \tau$，外加扰动 $u_d = \tau_d$，$y = x$，则

$$\begin{cases} \dot{x} = \begin{bmatrix} \dot{x}_1 \\ \dot{x}_2 \end{bmatrix} = \begin{bmatrix} x_2 \\ M^{-1}(x_1)(-C(x_1,x_2)x_2 - G(x_1)) \end{bmatrix} + \begin{bmatrix} 0 \\ M^{-1}(x_1) \end{bmatrix}(u - u_d) \\ y = x \end{cases} \tag{1-4}$$

令

$$f(x) = \begin{bmatrix} x_2 \\ M^{-1}(x_1)(-C(x_1,x_2)x_2 - G(x_1)) \end{bmatrix}$$

$$B(x) = \begin{bmatrix} 0 \\ M^{-1}(x_1) \end{bmatrix}$$

则式(1-4)可以写成状态方程形式：

$$\begin{cases} \dot{x} = f(x) + B(x)(u - u_d) \\ y = x \end{cases} \tag{1-5}$$

两关节机器人的二阶非线性微分方程式(1-1)各项表示为

$$\begin{cases} M(q) = \begin{bmatrix} m_1 l_{c1}^2 + m_2(l_1^2 + l_{c2}^2 + 2l_1 l_{c2}\cos q_2) + I_1 + I_2 & m_2(l_{c2}^2 + l_1 l_{c2}\cos q_2) + l_2 \\ m_2(l_{c2}^2 + l_1 l_{c2}\cos q_2) + l_2 & m_2 l_{c2}^2 + I_2 \end{bmatrix} \\ C(q,\dot{q}) = \begin{bmatrix} h\dot{q}_2 & h\dot{q}_1 + h\dot{q}_2 \\ -h\dot{q}_1 & 0 \end{bmatrix} \\ G(q) = \begin{bmatrix} (m_1 l_{c1} + m_2 l_1)g\cos q_1 + m_2 l_{c2} g\cos(q_1 + q_2) \\ m_2 l_{c2} g\cos(q_1 + q_2) \end{bmatrix} \\ \tau_d = \begin{bmatrix} 0.3\sin t \\ 0.1(1 - e^{-t}) \end{bmatrix} \end{cases} \tag{1-6}$$

机器人各项参数已知，如表 1-3 所示，将表中数据代入式(1-6)，得到简化二关节机器人的动力学模型。

表 1-3　简化二关节机器人各项参数

关节号	$g / (\text{m/s}^2)$	m_i / kg	l_i / m	I_{ci} / m	$I_i / (\text{kgm}^2)$
1	9.81	10	1	0.5	0.83
2	9.81	5	0.5	0.25	0.3

2. 迭代学习控制

迭代学习控制(Iterative Learning Control，ILC)是智能控制中具有严格数学描述的一个分支。迭代学习控制方法适合于具有重复运动性质的被控对象，其目标是通过反复地迭代修正达到某种控制目的，实现有限时间上的完全跟踪任务。迭代学习控制采用"在重复中学习"的学习策略，具有记忆和修正功能。通过对被控系统进行控制尝试，以输出轨迹与给定轨迹的偏差来修正不理想的控制信号，产生新的控制信号，从而使得系统的跟踪性能得以提高。

迭代学习控制可分为开环学习和闭环学习。

开环迭代学习控制的方法是：第 $k+1$ 次的控制等于第 k 次控制再加上第 k 次输出误差的校正项，即

$$u_{k+1}(t) = L(u_k(t), e_k(t)) \tag{1-7}$$

式中，L 为线性或非线性算子。

闭环迭代学习控制的方法是：第 $k+1$ 次的控制等于第 k 次控制再加上第 $k+1$ 次输出误差的校正项，即

$$u_{k+1}(t) = L(u_k(t), e_{k+1}(t)) \tag{1-8}$$

式中，L 为线性或非线性算子。

开环迭代学习控制只是利用了系统前次运行的信息，而闭环迭代学习控制则在利用系统当前运行信息改善控制性能的同时，舍弃了系统前次运行的信息。总体来说，闭环迭代学习控制的性能要优于开环迭代学习控制。在机器人控制方面，为保证系统的稳定大多采用闭环迭代学习控制方式。

常用的迭代学习控制为 PID 和 PD 迭代学习控制方法，控制率分别为

$$u_{k+1}(t) = u_k(t) + K_p(q_d(t) - q_{k+1}(t)) + K_d(\dot{q}_d(t) - \dot{q}_{k+1}(t)) + K_i \int_0^t [q_d(\tau) - q_{k+1}(\tau)]\mathrm{d}\tau \tag{1-9}$$

$$u_{k+1}(t) = u_k(t) + K_p(q_d(t) - q_{k+1}(t)) + K_d(\dot{q}_d(t) - \dot{q}_{k+1}(t)) \tag{1-10}$$

仿真定义的期望曲线(即两个关节的角位移期望运行轨迹和角速度期望运行速度)分别为

$$q_d = \begin{bmatrix} q_{d1}(t) \\ q_{d2}(t) \end{bmatrix} = \begin{bmatrix} \sin(3t) \\ \cos(3t) \end{bmatrix} \tag{1-11}$$

$$\dot{q}_d = \begin{bmatrix} \dot{q}_{d1}(t) \\ \dot{q}_{d2}(t) \end{bmatrix} = \begin{bmatrix} 3\cos(3t) \\ -3\sin(3t) \end{bmatrix} \tag{1-12}$$

被控对象的初始条件为

$$\begin{bmatrix} q_1(0) \\ \dot{q}_1(0) \\ q_2(0) \\ \dot{q}_2(0) \end{bmatrix} = \begin{bmatrix} 0 \\ 3 \\ 1 \\ 0 \end{bmatrix} \tag{1-13}$$

机器人的控制力矩为

$$\tau = K_d \dot{e} + K_p e \tag{1-14}$$

式中，跟踪误差 $e = q_d - q$，其中 q_d 为角位移控制指令，q 为角位移实际运行轨迹。

3. 两关节机器人的迭代学习控制仿真

利用 MATLAB simulink 实现独立 PD 控制的算法如图 1-7 所示。其中有两个 S-Function，PD_ctrl 为独立 PD 算法实现模块，PD_plant 为简化二关节机器人模型。该算法结合机器人的角位移误差与角速度误差来得出某一时刻的控制量，此控制量应用在机器人模型上，得到模型的输出，再将模型的输出与期望值作对比，得到误差，然后再次进行算法的运算。

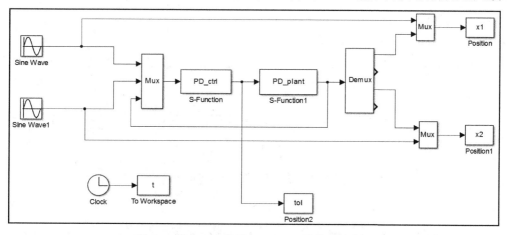

图 1-7 独立 PD 控制在 simulink 中的算法实现

独立 PD 控制算法的仿真结果如图 1-8 所示，经过独立 PD 控制，关节 1 角位移误差在 ±0.06 之内，关节 2 的角位移误差在 ±0.02 之内，误差呈现周期性变化。该算法结构简单，运算速度较快。

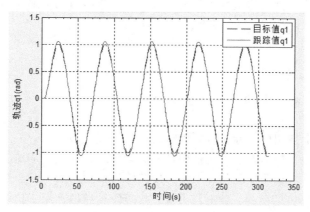

(a) 关节 1 轨迹跟踪

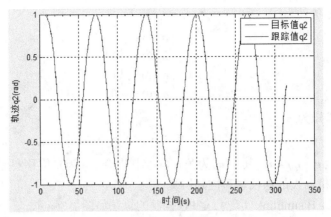

(b) 关节2轨迹跟踪

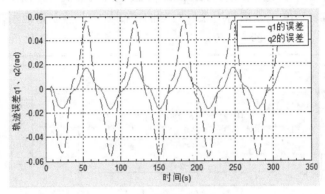

(c) 轨迹跟踪误差

图1-8　独立PD控制算法的轨迹跟踪

◇◇◇◇◇◇◇ 任务1.5　工业机器人传感技术 ◇◇◇◇◇◇◇

【任务目标】

掌握工业机器人常用传感器的分类；掌握各种常用内部传感器和外部传感器的工作原理，能初步应用常用外部传感器。

【学习内容】

一、工业机器人常用传感器的分类

机器人传感器按用途可分为内部传感器和外部传感器。

内部传感器装在机器人上，包括微动开关、位移、速度、加速度等传感器，用于检测机器人内部状态，在伺服控制系统中作为反馈信号。

外部传感器，包括视觉、触觉、力觉、接近等传感器，用于检测作业对象及环境与机器人的联系。工业机器人传感器的要求如下：

(1) 精度高、重复性好;

(2) 稳定性和可靠性好;

(3) 抗干扰能力强;

(4) 质量轻、体积小、安装方便。

二、工业机器人内部传感器

1. 编码器

编码器分为增量式编码器和绝对式编码器。增量式测量的特点是只测量位移增量,移动部位每移动一个基本长度(或角度)单位,检测装置便发出一个测量信号,此信号通常是脉冲形式。绝对式测量的特点是被测的任一点位置都从一个固定的零点算起,常用二进制数据形式来表示。

(1) 绝对式编码器是通过读取码盘上的编码来表示轴的绝对位置,没有累积误差,电源切除后,信息位置不丢失。绝对式编码器按使用的计数制分,有二进制码、格雷码、二-十进制码等。绝对式编码器按结构原理分,有接触式、光电式和电磁式三类。

接触式绝对编码器如图1-9所示。

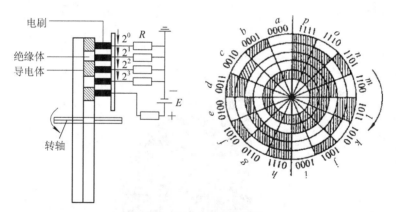

图1-9 接触式绝对编码器

接触式绝对编码器工作原理:码盘随转轴一起转动时,电刷和码盘的位置发生相对变化,若电刷接触的是导电区域,则经电刷、码盘、电阻和电源形成回路,该回路中的电阻上有电流流过,为"1";反之,若电刷接触的是绝缘区域,则不能形成回路,电阻上无电流流过,为"0"。由此,可根据码盘的位置得到由"1"、"0"组成的4位二进制码。

码道的圈数就是二进制数的位数,若是 n 位二进制码盘,就有 n 圈码道,且周围均分为 2^n 等分。二进制码盘的分辨角 $= 360°/2^n$,分辨率 $= 1/2n$。

例如:$n = 4$,则 $\alpha = 22.50°$,设0000码为0度,则图1-9中0101 = 5,相对0000码有5个 α,表示码盘已转过了 $22.50° \times 5 = 112.50°$ 显然,位数 n 越大,所能分辨的角度越小,测量精度就越高。

另外,运用钟表齿轮机械的原理,当中心码盘旋转时,通过齿轮传动带动另一组码盘,用另一组码盘记录转动圈数(圈数可以随着增加或减小),则扩大编码器的测量范围。

格雷码属于可靠性编码,是一种错误最小化的编码方式。自然二进制码可以直接由数/模转换器转换成模拟信号,但某些情况,例如从十进制的3转换成4时,二进制码的每一位都要变，使数字电路产生很大的尖峰电流脉冲。而格雷码则没有这一缺点，它是一种数字排序系统，其中的所有相邻整数在它们的数字表示中只有一个数字不同，在任意两个相邻的数之间转换时，只有一个数位发生变化。格雷码大大地减少了由一个状态到下一个状态时逻辑的混淆，格雷编码的绝对编码器如图 1-10 所示。

图 1-10   格雷编码绝对编码器

光电式绝对编码器如图 1-11 所示。光电式绝对编码器与接触式绝对编码器码盘结构相似，只是其中的黑白区域不表示导电区和绝缘区，而是表示透光区或不透光区。其中，黑的区域指不透光区，用"0"表示；白的区域指透光区，用"1"表示。如此，在任意角度都有"1"、"0"组成的二进制代码。另外，在每一码道上都有一组光电元件，这样，不论码盘转到哪一角度位置，与之对应的光电元件接收到光的输出为"1"电平，没有接收到光的输出为"0"电平，由此组成 n 位二进制编码。

图 1-11   光电式绝对编码器

(2) 光电式增量编码器的结构如图 1-12 所示。当光电码盘随转轴一起转动时，在光源的照射下，透过光电码盘和光栏板狭缝形成忽明忽暗的光信号，光敏元件的排列与光栏板上的条纹相对应，光敏元件将此光信号转换成正弦波信号，再经过整形后变成脉冲。

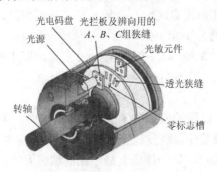

图 1-12   光电式增量编码器的结构

如图 1-13 所示，光电式增量编码器的光拦板 3 上有 A 组(A、$\overline{A}$)、B 组(B、$\overline{B}$)和 C 组(C、$\overline{C}$)三组狭缝。

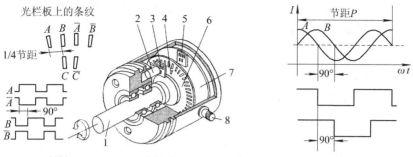

1—转轴；2—LED；3—光栅板；4—零标志槽；5—光敏元件；
6—码盘；7—印制电路板；8—电源及信号线连接座

图 1-13　光电式增量编码器的工作原理

A 组、B 组相互错开 1/4 节距，所以射到光敏元件上的信号相位差为 90°，用于辨向。

A、$\overline{A}$ 和 B、$\overline{B}$ 是差动信号，相位差为 180°，主要用于提高抗干扰能力。

C 组狭缝与零标志槽配合，每转产生一个脉冲称为零脉冲信号。

电编码器的测量精度取决于它所能分辨的最小角度，而这与码盘圆周上的狭缝条纹数 n 有关，即分辨角 $= 3600/n$，分辨率 $= 1/n$。

根据脉冲的数目可得出被测轴的角位移；根据脉冲的频率可得出被测轴的转速；根据 A、B 两相的相位超前滞后关系可判断被测轴旋转方向。

2. 旋转变压器

旋转变压器是一种输出电压随转子转角变化的信号元件，如图 1-14 所示。当励磁绕组中通入交流电时，输出绕组的电压幅值与转子转角成正弦、余弦函数关系，或保持某一比例关系，或在一定转角范围内与转角成线性关系。旋转变压器主要用于坐标变换、三角运算和数据传输，也可以作为两相移相用在角度-数字转换装置中。

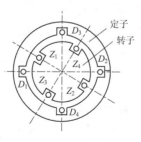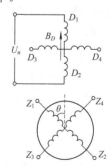

图 1-14　旋转变压器结构和工作原理

旋转变压器可以单机运行，也可以成对或三机组合使用。旋转变压器是一种精密测位的机电元件，在伺服系统、数据传输系统和随动系统中也得到了广泛的应用。

3. 加速度传感器

随着机器人的高速比、高精度化，其振动问题急需解决。为了解决机器人的振动问题，可在其运动手臂等位置安装加速度传感器，测量振动加速度，并反馈到驱动器上。

根据牛顿第二定律：A(加速度) = F(力) / M(质量)

只需测量作用力 F 就可以得到已知质量物体的加速度，根据电磁力平衡原理，可得到作用力与电流(电压)的对应关系。根据上述原理设计的加速度传感器，本质是通过作用力造成传感器内部敏感部件发生变形，通过测量其变形并用相关电路将其转化成电压输出，得到相应的加速度信号。

1) 压电式加速度传感器

压电式加速度传感器是基于压电晶体的压电效应工作的。某些晶体在一定方向上受力变形时，其内部会产生极化现象，同时在它的两个表面上产生电性相反的电荷；当外力去除后，又重新恢复到不带电状态，这种现象称为"压电效应"。

具有压电效应的晶体称为压电晶体，常用的有石英、压电陶瓷等。压电式加速度传感器的优点是频带宽、灵敏度高、信噪比高、结构简单、工作可靠和重量轻等，缺点是某些压电材料需要防潮措施，而且输出的直流响应差，需要采用高输入阻抗电路或电荷放大器来克服这一缺陷。压电式加速度传感器实物图如图 1-15 所示。

图 1-15　压电式加速度传感器实物图

2) 压阻式加速度传感器

压阻式加速度传感器是最早开发的硅微加速度传感器(基于 MEMS 硅微加工技术)。压阻式加速度传感器的弹性元件一般采用硅梁和质量块，质量块由悬臂梁支撑，并在悬臂梁上制作电阻，连接成测量电桥。在惯性力作用下质量块上下运动，悬臂梁上电阻的阻值随应力的作用而发生变化，引起测量电桥输出电压变化，以此实现对加速度的测量。压阻式加速度传感器结构图如图 1-16 所示。

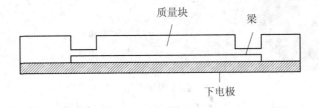

图 1-16　压阻式加速度传感器结构图

压阻式硅微加速度传感器的典型结构形式有很多种，有悬臂梁、双臂梁、4 梁和双岛-5 梁等结构形式。弹性元件的结构形式及尺寸决定传感器的灵敏度、频响、量程等。质量块能够在较小的加速度作用下，使悬臂梁产生较大的应力，提高传感器的输出灵敏度。

在大加速度作用下，质量块可能会使悬臂梁上的应力超过屈服应力，变形过大，致使悬臂梁断裂。为此压阻式加速度传感器一般采用质量块和梁厚相等的单臂梁和双臂梁的结构形式，如图 1-17 所示。

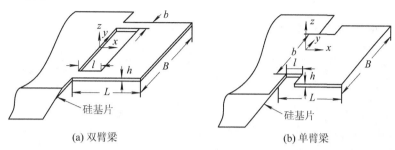

(a) 双臂梁   (b) 单臂梁

图 1-17 压阻式加速度传感器结构形式

压阻式加速度传感器的优点是体积小、频率范围宽、测量加速度的范围宽，直接输出电压信号，不需要复杂的电路接口，大批量生产时价格低廉，可重复生产性好，可直接测量连续的加速度和稳态加速度。其缺点是对温度的漂移较大，对安装和其他应力也较敏感。压阻式加速度传感器外观如图 1-18 所示。

图 1-18 压阻式加速度传感器外观

3) 伺服加速度传感器

伺服加速度传感器的工作原理为当被测振动物体通过加速度计壳体有加速度输入时，质量块偏离静平衡位置，位移传感器检测出位移信号，经伺服放大器放大后输出电流，该电流流过电磁线圈，从而在永久磁铁的磁场中产生电磁恢复力，迫使质量块回到原来的静平衡位置，即加速度计工作在闭环状态，传感器输出与加速度计成一定比例的模拟信号，与加速度值成正比关系。图 1-19 所示为伺服加速度传感器实物图和工作原理图。

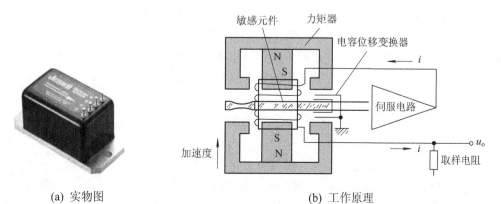

(a) 实物图   (b) 工作原理

图 1-19 伺服式加速度传感器实物与工作原理

伺服加速度传感器主要由质量块、弹簧、电磁线圈、永久磁铁、位移传感器、伺服放大器、壳体等部分组成。其优点是测量精度、稳定性、低频响应度、分辨率、可靠性高，具有自检功能等。缺点是体积和质量比压电式加速度计大很多，且价格昂贵。

三、工业机器人外部传感器

为了检测作业对象及环境，机器人上安装了视觉传感器、力觉传感器、滑觉传感器、接触觉传感器等，大大改善了机器人工作状况，使其能够更充分地完成复杂的工作。

1. 视觉传感器

视觉传感器是智能机器人最重要的传感器之一，相当于机器人的眼睛。机器人通过视觉传感器获取环境的二维图像或三维图像，并通过视觉处理器进行分析和解释，转换为符号，让机器人能够辨识物体，并确定其位置。机器人视觉处理过程如图1-20所示。

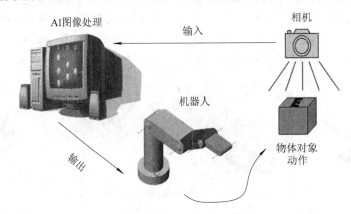

图1-20　机器人视觉处理过程

机器人视觉系统的主要作用：

(1) 自动拾取：提高拾取精度，降低机械固定成本；

(2) 传送跟踪：视觉跟踪传送带上移动的产品，进行精确定位及拾取；

(3) 精确放置：精确放置到装配和加工位置；

(4) 姿态调整：从拾取到放置过程中对产品姿态进行精确调整。

2. 力觉传感器

力觉是指对机器人的指、肢和关节等运动中所受力的感知，用于感知夹持物体的状态；校正由于手臂变形引起的运动误差；保护机器人及零件不被损坏。力觉传感器对装配机器人具有重要意义，主要作为关节力传感器、腕力传感器、机座传感器等使用。

1) 力/力矩传感器

力/力矩传感器主要用于测量机器人自身或与外界相互作用而产生的力或力矩，通常装在机器人各关节处。

刚体在空间的运动可以用六个坐标来描述，例如表示刚体质心位置的三个直角坐标和分别绕三个直角坐标轴旋转的角度坐标。可用多种结构的弹性敏感元件来测量机器人关节所受的六个自由度的力或力矩，再由粘贴其上的应变片，将力或力矩的各个分量转换为相应的电信号。常用弹性敏感元件的形式有十字交叉式、三根竖立弹性梁式和八根弹性梁的横竖混合结构等。图 1-21 所示为竖梁式六自由度力传感器的原理。在每根梁的内侧粘贴张力测量应变片，外侧粘贴剪切力测量应变片，从而构成六个自由度的力或力矩分量输出。

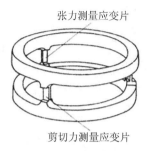

张力测量应变片

剪切力测量应变片

图 1-21　竖梁式六自由度力传感器原理图

2) 应变片式传感器

应变片也能用于测量力。应变片的输出是与其形变成正比的阻值，而形变本身又与施加的力成正比。因此通过测量应变片的电阻，就可以确定施加力的大小。

应变片常用于测量末端执行器和机器人腕部的作用力，也可用于测量机器人关节和连杆上的载荷。图 1-22 所示为应变片式传感器简单原理图。应变片常用在惠斯通电桥中，如图 1-22 所示，电桥平衡时 A 点和 B 点电位相等，四个电阻只要有一个变化，两点间就会有电流通过。假定 R_1 是应变片的电阻，在压力作用下该阻值会发生变化，导致惠斯通电桥不平衡，并使 A 点和 B 点间有电流通过。应力片的阻值变化可由式(1-15)得到：

$$\frac{R_1}{R_4} = \frac{R_2}{R_3} \tag{1-15}$$

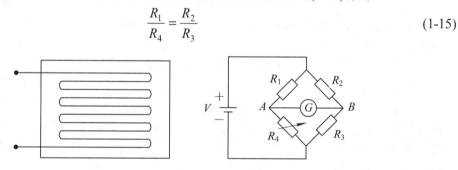

图 1-22　应变片式传感器原理图

3) 多维力传感器

多维力传感器是能够同时测量两个方向以上力或力矩分量的力传感器。在笛卡尔坐标系中力和力矩可以各自分解为三个分量，因此，多维力传感器最完整的形式是六维力/力矩传感器，即能够同时测量三个力分量和三个力矩分量的传感器，这也是目前广泛使用的多维力传感器。在某些场合，不需要测量完整的六个力和力矩分量而只需要测量其中某几个分量，因此，就有了二、三、四、五维的多维力传感器，其中每一种传感器都可能包含有多种组合形式。

多维力传感器广泛应用于机器人手指、手爪，机器人外科手术，指力研究，牙齿受力研究，力反馈，刹车检测，精密装配、切削，复原研究，产品测试，触觉反馈和示教学习等。应用行业覆盖了机器人、汽车制造、自动化流水线装配、生物力学、航空航天、轻纺工业等领域。六维力传感器结构图和测量电路如图 1-23 所示。

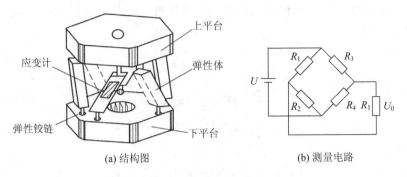

(a) 结构图   (b) 测量电路

图 1-23　六维力传感器结构图和测量电桥

应力的测量方式很多，六维力传感器采用电阻应变计的方式测量弹性体上应力的大小。理论研究表明，弹性体只受到轴向的拉压作用力，因此只要在每个弹性体连杆上粘贴一片应变计，然后和其他三个固定电阻器正确连接即可组成测量电桥，从而通过电桥的输出电压测量出每个弹性体上的应力大小。整个传感器力敏元件的弹性体连杆有六个，因此需要六个测量电桥分别对六个应变信号进行测量。传感器力敏元件的弹性体连杆机械应变一般都较小，为将这些微小的应变引起的应变计电阻值的微小变化测量出来，并有效提高电压灵敏度，测量电路采用直流电桥的工作方式，其基本形式测量电桥如图 1-24(b)所示。

4) 机器人腕力传感器

机器人腕力传感器测量的是三个方向的力或力矩，所以一般均采用六维力 1 力矩传感器。由于腕力传感器既是测量的载体又是传递力的环节，所以腕力传感器的结构一般为弹性结构梁，通过测量弹性体的变形得到三个方向的力或力矩。

日本大和制衡株式会社林纯一在 JPL 实验室研制的腕力传感器的基础上提出的一种改进结构如图 1-24 所示。六维腕力传感器是一种整体轮辐式结构，传感器在十字架与轮缘连接处有一个柔性环节，因而简化了弹性体的受力模型(在受力分析时可简化为悬臂梁)。在四根交叉梁上总共贴有 32 个应变片(图中以小方块表示)，组成八路全桥输出，六维力的获得须通过解耦计算。这一传感器一般将十字交叉主杆与手臂的连接件设计成弹性体变形限幅的形式，可有效起到过载保护作用，是一种较实用的结构。

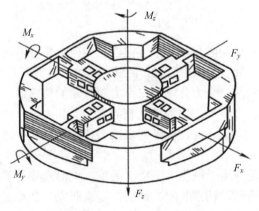

图 1-24　林纯一六维腕力传感器

斯坦福大学研制的六维腕力传感器如图 1-25 所示。该传感器利用一段铝管加工成串联的弹性梁，在梁上粘贴一对应变片，其中一片用于温度补偿。筒体由 8 个弹性梁支撑，由于机器人各个杆件通过关节连接在一起，运动时各杆件相互联动，所以单个杆件的受力情况很复杂。根据刚体力学的原理：刚体上任何一点的力都可以表示为笛卡尔坐标系三个坐标轴的分力和绕三个轴的分力矩，只要测出这三个分力和分力矩，就能计算出该点的合力。

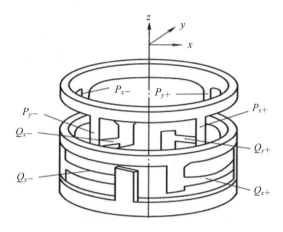

图 1-25　斯坦福大学六维腕力传感器

3. 滑觉传感器

机器人在抓取不知属性的物体时，其自身应能确定最佳的握紧力。通常，这是通过检测被握紧物体是否滑动来实现的，利用该检测信号，在不损害物体的前提下，可以考虑最可靠的夹持方法，实现物体滑觉检测的传感器称为滑动传感器。

1) 滚轮式传感器

物体在传感器表面上滑动时和滚轮或环相接触，把滑动变成转动，如图 1-26 所示。

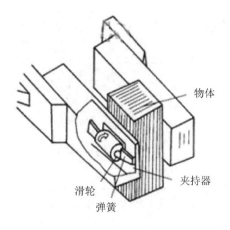

图 1-26　滚轮式滑觉传感器

2) 磁力式滑觉传感器

滑动物体引起滚轮滚动，用磁铁和静止的磁头进行检测，这种传感器只能检测到一个方向的滑动，如图 1-27 所示。

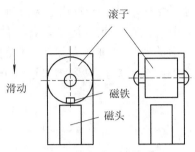

图 1-27　磁力式滑觉传感器

3) 振动式滑觉传感器

传感器表面伸出的触针能和物体接触，物体滚动时，触针与物体接触而产生振动，这个振动由压电传感器或磁场线圈结构的微小位移计检测，如图 1-28 所示。

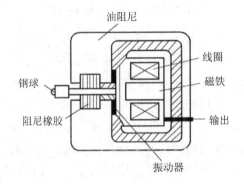

图 1-28　振动式滑觉传感器

4) 球式滑觉传感器

该传感器用球代替滚轮，可以检测各个方向的滑动，如图 1-29 所示。

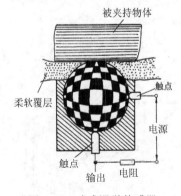

图 1-29　球式滑觉传感器

4. 接触觉传感器

机器人接触觉传感器是用来判断机器人是否接触物体的测量传感器。简单的接触式传感器以阵列形式排列组合成接触觉传感器，它以特定次序向控制器发送接触和形状信息，如图 1-30 所示。

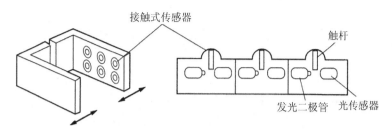

图 1-30　简单接触觉传感器

接触觉传感器可以提供的物体的位置和形体信息，当接触觉传感器与物体接触时，依据物体的形状和尺寸，不同的接触觉传感器将以不同的次序对接触做出不同的反应。控制器可以利用这些信息来确定物体的大小和形状。图 1-31 中给出了三个简单的例子：接触立方体、圆柱体和不规则形状的物体，每个物体都会使接触觉传感器产生一组唯一的特征信号，由此可确定接触的物体的外形。

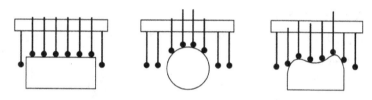

图 1-31　接触觉传感器可提供的物体信息

图 1-32 所示为类皮肤触觉传感器。当有力作用在聚合物构成的表层上时，力就会被传给周围的一些传感器，这些传感器会产生与所受力成正比的信号。对于分辨率要求较低的场合，使用这些传感器会产生令人满意的效果。

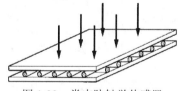

图 1-32　类皮肤触觉传感器

1) 电磁式接近传感器

如图 1-33 所示为电磁式接近传感器。该传感器加有高频信号 i_s 的励磁线圈 L 产生的高频电磁场作用于金属板，在其中产生涡流，该涡流反作用于线圈。通过检测线圈的输出可反映出传感器与被接近金属间的距离。

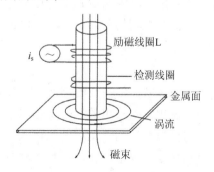

图 1-33　电磁式接近传感器

2) 光学式接近传感器

光学式接近觉传感器由用做发射器的光源和接收器两部分组成，如图1-34所示。

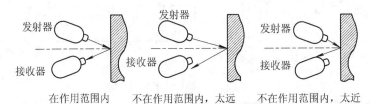

在作用范围内　　　不在作用范围内，太远　　　不在作用范围内，太近

图1-34　光学式接近传感器

发射器的光源可在内部，也可在外部，接收器能够感知光线的有无。发射器及接收器的配置准则是：发射器发出的光只有在物体接近时才能被接收器接收。除非能反射光的物体处在传感器作用范围内，否则接收器就接受不到光线，也就不能产生信号。

3) 超声波接近觉传感器

超声波接近觉传感器有两种工作模式：对置模式和回波模式。超声波接近觉传感器原理图如图1-35所示。

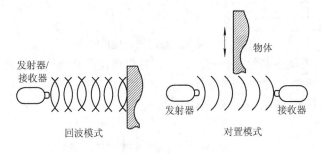

回波模式　　　　　　　对置模式

图1-35　超声波接近觉传感器

4) 感应式接近觉传感器

感应式接近觉传感器用于检测金属表面。这种传感器其实就是一个带有铁养体磁心、振荡器、检测器和固态开关的线圈。

5) 电容式接近觉传感器

电容式接近觉传感器利用电容量的变化产生接近觉。传感器本身作为一个极板，被接近物作为另一个极板。将该电容接入电桥电路或RC振荡电路，利用电容极板距离的变化产生电容的变化，可检测出与被接近物的距离。电容式接近觉传感器具有对物体的颜色、构造和表面都不敏感且实时性好的优点。

6) 涡流接近觉传感器

涡流接近觉传感器具有两个线圈，第一个线圈产生作为参考用的变化磁通，在有导电材料接近时，其中将会感应出涡流，感应出的涡流又会产生与第一个线圈反向的磁通使总的磁通减少。总磁通的变化与导电材料的接近程度成正比，它可由第二组线圈检测出来。涡流接近觉传感器不仅能检测是否有导电材料，而且能够对材料的空隙、裂缝、厚度等进行非破坏性检测。

7) 霍尔式接近觉传感器

当磁性物件移近霍尔开关时，开关检测面上的霍尔元件因产生霍尔效应而使开关内部电路状态发生变化，由此识别附近有无磁性物体的存在，进而控制开关的通或断。霍尔式接近觉传感器的检测对象必须是磁性物体。

◇◇◇◇◇◇◇ 习　　题 ◇◇◇◇◇◇◇

一、填空题

1. "Robot" 一词起源于_____。

2. 机器人可以分成三代：第一代_____；第二代_____；第三代_____。

3. 机器人未来将向_____和_____方向发展。

4. 机器人按驱动形式分类：气压驱动、_____、_____；按用途分类：_____、_____。

5. 机器人系统四大组成部分：机器人执行机构、_____、_____、_____。从外观看，工业机器人主要由_____、_____、_____三大部件组成。

二、简答题

1. 机器人三原则是什么？

2. 国际标准化组织(ISO)对机器人的定义是什么？

3. 工业机器人技术参数包括哪些？

4. 阐述对射式、槽式光电传感器的原理。

5. 阐述接触式绝对编码器的工作原理。

6. 格雷码相对于二进制码盘的优点是什么？

7. 阐述光电式增量编码器工作原理。

8. 加速度传感器的作用？各种类型工作原理是什么？

9. 视觉传感器的作用是什么？

10. 力觉传感器的作用？各种类型工作原理是什么？

11. 滑觉传感器的作用？各种类型工作原理是什么？

12. 接近觉传感器的作用？

模块二 认识自动化生产线

【模块目标】

了解自动化生产线的起源和发展；掌握天津龙洲 RB0105 实训台的组成、功能、技术参数、控制过程和各单元的工作原理；掌握自动化生产常用传感器的类型和工作原理。

◇◇◇◇◇◇ 任务 2.1 认识自动化生产线起源与发展 ◇◇◇◇◇◇

【任务目标】

了解自动化生产线的起源和未来发展趋势。

【学习内容】

一、自动化生产线的起源

自动化生产线是指按照工艺过程，把一条生产线上的机器联结起来，形成包括上料、下料、装卸和产品加工等全部工序都能自动控制、自动测量和自动连续的生产线。

从 20 世纪 20 年代开始，随着汽车、滚动轴承、小型电动机和缝纫机等工业发展，机械制造中开始出现自动线，最早出现的是组合机床自动线，如图 2-1 所示。在此之前，首先是在汽车工业中出现了流水生产线和半自动化生产线，随后发展成为自动化生产线，如图 2-2 所示。

图 2-1 组合机床自动化生产线

图 2-2 汽车自动化生产线

第二次世界大战后，在工业发达国家的机械制造业中，自动化生产线的数目急剧增加。采用自动化生产线进行生产的产品有足够大的产量；产品设计和工艺先进、稳定、可靠，并在较长时间内保持基本不变。在大批量生产中采用自动化生产线能提高劳动生产率，稳定和提高产品质量，改善劳动条件，缩减生产占地面积，降低生产成本，缩短生产周期，保证生产均衡性，有显著的经济效益。

二、自动化生产线的发展

机械制造业中有铸造、锻造、冲压、热处理、焊接、切削加工和机械装配等自动化生产线，也有包括不同性质的工序，如毛坯制造、加工、装配、检验和包装等的综合自动化生产线。切削加工自动化生产线在机械制造业中发展最快、应用最广，主要有：用于加工箱体、壳体、杂类等零件的组合机床自动化生产线；用于加工轴类、盘环类等零件的，由通用、专门化或专用自动机床组成的自动化生产线；用于加工旋转体的自动化生产线；用于加工工序简单小型零件的转子自动化生产线等。

随着数控机床、工业机器人和电子计算机等技术的发展，以及成组技术的应用，将使自动化生产线的灵活性更大，可实现多品种、中小批量生产的自动化。多品种可调自动化生产线，降低了自动化生产线生产的经济批量，因而在机械制造业中的应用越来越广泛，并向更高度自动化的柔性制造系统发展。

◇◇◇◇◇◇ 任务 2.2　认识 RB0105 实训台　◇◇◇◇◇◇

【任务目标】

掌握天津龙洲 RB0105 实训台的组成、功能和技术参数。

【学习内容】

天津龙洲 RB0105 实训台由总控站、供料检测站、模拟加工站、模拟焊接站、装配站、立体仓库、工业机器人导轨和 RFID 站等组成。RB0105 实训台的整个系统采用 PROFIBUS 工业现场总线控制技术实现系统集成，配有 S7-300 主控 PLC，6 台 S7-200 从站 PLC，SIMITIC WINCC 组态界面、MCGS 触摸屏等，最大限度地展现了工业现场的工作状态及现代制造工业的发展方向。

操作者能够通过 MCGS 触摸屏或 SIMITIC WINCC 组态界面中各种组态按钮方便地控制整个系统的运行、停止等；另外也可以单独控制单站的运行、停止等。每个站的工作状态以及工件的材质、颜色等在监控画面上也能够清楚地看到。天津龙洲 RB0105 实训台实物图如图 2-3 所示。

图 2-3　RB0105 实训台实物图

一、总控站

1. 总控站的组成

总控站是整个系统的控制中心，它由一台装有 CP5611 通信板卡的台式机，一台西门子 S7-300 PLC(CPU 型号：313C-2 DP)，一台 MCGS 触摸屏(型号：TPC7062KD)以及若干电源开关、按钮、指示灯等组成。总控站组成图如图 2-4 所示。

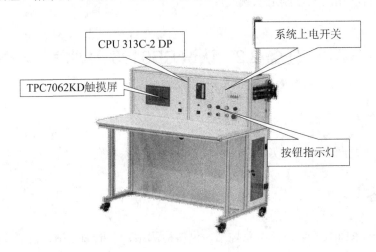

图 2-4　总控站组成图

2. 总控站的功能及技术参数

1) 总控站的功能

总控站主要实现整个系统的程序编写调试以及运行监控，操作者可以通过主控台发送启动命令使整个系统运行。

2) 总控站相关器件技术参数

总控站主要使用到 PLC、通信卡、人机界面及电源模块等。表 2-1 为总控站相关器件技术参数。

表2-1　总控站相关器件技术参数表

序号	器件名称	主要参数及功能
1	SIMATIC S7-300 CPU(313C-2 DP)	内置 RS485 接口(MPI)；内置 RS422/485 接口(DP 主站/从站)；数字量输入点数为 16；数字量输出点数为 16；计数器数量为 3；脉冲输出数量为 3；频率测量；PID 控制；供电 19.2～28.8 VDC；尺寸为 80 mm × 125 mm × 130 mm
2	通信卡 (CP5611 PCI 卡)	用于工控机连接到 PROFIBUS 和 SIMATIC S7 的 MPI；支持 PROFIBUS；无微处理器；通信速率 19.2 kb/s～12 Mb/s
3	MCGS 人机界面	7 寸 TFT 液晶显示、LED 背光；真彩 65 535 色；分辨率为 800 × 480；24 VDC 供电；ARM CPU(400 MHz)；内存为 64 MB；MCGS 嵌入式组态软件(运行版)；工业塑料结构；颜色为工业灰；面板尺寸为 226.5 mm × 163 mm；机柜开孔为 215 mm × 152 mm；串口：一个 RS232、一个 RS485；USB 一主一从
4	断路器	两极；额定 25 A；C 型脱扣特性
5	开关电源	单组输出为 24 VDC；额定为 101 W/4.2 A；尺寸为 159 mm × 97 mm × 38 mm

二、供料检测站

1．供料检测站组成

供料检测站主要由旋转送料盘和四种传感器组成。使用到的传感器有光纤传感器(颜色检测)、光电传感器(物料到位检测)、电感接近开关传感器(金属检测)和磁性开关(汽缸位置检测)。供料检测站具体组成如图 2-5 所示。

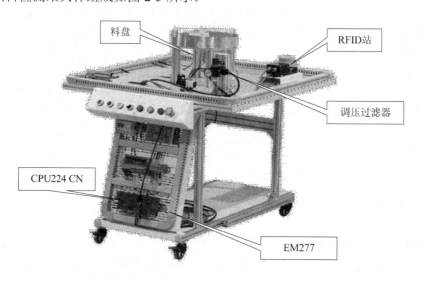

图 2-5　供料检测站

2. 供料检测站功能

供料检测站的主要功能是完成工件 A 的供料、材质检测、射频信息写入等功能。工件 A 从回转上料台被依次送到检测工位，检测工件材质后，提升装置将工件提升。工件 A 材质分为金属和尼龙两种，工件 A 料块底部内嵌 RFID 载码体。供料检测站另配置有 RFID 读写站点，机器人将装有载码体的工件 A 抓取放置在该读写站点并写入工件 A 材质信息，再搬运至模拟加工站进行模拟雕铣加工。

3. 供料检测站相关器件技术参数

供料检测站主要使用到 PLC、EM277 通信模块、传感器及气压元件等。表 2-2 为供料检测站相关器件技术参数。

表 2-2　供料检测站相关器件技术参数表

序号	器件名称	主要参数及功能
1	CPU(224 CN)	CPU 224 DC/DC/DC；数字量输入点数 14；数字量输出点数 10；脉冲输出 2；1 个 RS485 通信接口；支持 PPI 主站/从站协议；支持 MPI 从站协议；支持自由口协议；8 位模拟电位器数量 2；供电 24 VDC；尺寸 120 mm × 80 mm × 62 mm；S7-200 CN
2	PROFIBUS-DP 模块 (EM277)	RS485 通信接口；支持 PROFIBU 协议；站点地址可在模块上调节(0～99)；电缆最大长度 1200 m；供电 24 VDC；尺寸 71 mm × 80 mm × 62 mm
3	料盘电机	24 VDC；50G 马达；减速比 1/242；14 r/m；15 kg·cm；0.36 A；轴径 $\phi 6$ mm
4	光纤传感器	PNP 输出；VR 调节(粗/微调)；响应时间 1 ms 以下；12～24 VDC 供电；红色 LED 光源；各类线缆长度 2 m；尺寸 15 mm × 39 mm × 73 mm
5	光电开关(漫反射)	圆柱形；M18 × 1；检测距离 300 mm；扩散反射式；PNP 三线 NO(常开)；金属壳；灵敏度调节器；12～24 VDC 供电；LED 指示
6	接近开关(电感)	方形；检测距离 10 mm；电感式；PNP 三线 NO(常开)；38.5 mm × 25.5 mm × 25 mm；PBT 外壳；非屏蔽式；10～30 VDC 供电；LED 指示
7	感应开关	两线式；有接点磁簧管型；常开型；线长 2 m；5～30 VDC 供电；红色 LED 指示；适用范围 M 型(用于 PB、MA、MAL、MI、MF 气缸)、不锈钢缸体、缸径 $\phi 10$
8	调压过滤器	介质空气；内螺纹 PT1/4；差压排水式；MPa 刻度；滤水杯容量 15CC

三、模拟加工站

1. 模拟加工站组成及功能

模拟加工站的主要功能是完成工件 A 的装夹和模拟雕铣加工。行走机构载机器人将工件 A 从供料检测站搬运至模拟加工站，放至待加工位置，传感器检测目标工件 A 到位后，完成工件 A 的气动夹具装夹和模拟雕铣加工。本站主要由模拟数控铣床、气动夹具等组成，如图 2-6 所示。

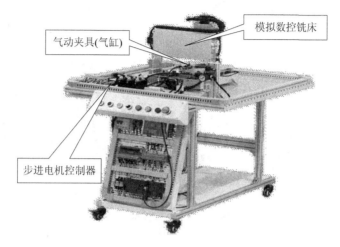

图 2-6　模拟加工站

2. 模拟加工站相关器件技术参数

模拟加工站主要使用到 PLC、EM277 通信模块、步进电机、传感器及气压元件等。表 2-3 为模拟加工站相关器件技术参数。

表 2-3　模拟加工站相关器件技术参数表

序号	器件名称	主要参数及功能
1	模拟数控铣床	外形尺寸 450 mm × 400 mm × 450 mm；XYZ 轴行程 200 mm × 200 mm × 140 mm；台面尺寸 240 mm × 300 mm；丝杆外径 10 mm，螺距 2 mm 精密梯形丝杆，双螺母自动消回差，铝合金弹性联轴器；导轨采用镀铬光杆；XYZ 轴直径 12 mm；1.4 A/42 步进电机，1.4 A/0.4 N •m；主轴电机 48 V/300 W ER11 风冷主轴电机，最高 10 000 转；主机框架铝合金加钣金结构，铝合金厚度 10 mm，钢板厚度 1.5 与 3 mm；2080 铝合金 T 型台面，压板固定不变形；Z 轴龙门高度可调
2	步进电机控制器	PNP 开关量输入信号；额定电压 5～32 VDC；最优化的 S 型加速曲线；输入输出全部光耦隔离；板栽电位器调速，外接电位器调速自动切换；额定电流 1 A；脉冲频率 1～20 kHz；具有自动往返、单次往返、单次触发、点动四种模式
3	笔形气缸	复动型；缸径 ϕ10；行程 30 mm；附磁石；径向进气型；轴向固定架；内螺纹 M5 × 0.8；防撞垫缓冲

四、模拟焊接站

1. 模拟焊接站组成及功能

模拟焊接站的主要功能是完成工件 A 的分度盘装夹和工件 B 的模拟焊接。行走机构载机器人将工件 A 从模拟加工站搬运至模拟焊接站，并装至分度盘气动卡盘位置，传感器检测到位后，卡盘进行装夹，工件 B 随气动顶紧装置与工件 A 顶紧，随后分度盘进行旋转，配合机器人完成模拟焊接工作。完成焊接后，工件 B 将留在原位置，以配合下一次模拟焊接。本站主要由可旋转分度盘、气动夹具、气动伸缩装置等组成，如图 2-7 所示。

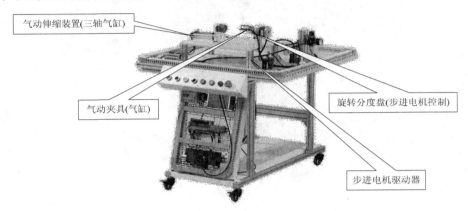

图 2-7　模拟焊接站

2. 模拟焊接站相关器件技术参数

模拟焊接站主要使用到 PLC、EM277 通信模块、步进电机、传感器及气压元件等，如表 2-4 所示，为模拟焊接站相关器件技术参数。

表 2-4　模拟焊接站相关器件技术参数表

序号	器件名称	主要参数及功能
1	两相步进电机	机身长 40 mm；相电流 1.7 A；单出轴；步距角 1.8°；引线数 4；静转矩 0.33 N·m；定位力矩 2.2 N·cm；转动惯量 54 g·cm^2；相电压 2.55 V；相电阻 1.5 Ω；相电感 2.8 mH
2	两相步进电机驱动器	输入电压 12～48 VDC；输入信号电压 4～28 VDC；输入电流 0.3～2.2 A；步进脉冲频率 2 MHz；3 位拨码开关；8 种电流细分选择
3	气缸	复动型；缸径 ϕ12；行程 100 mm；附磁石；铜套轴承；内螺纹 M5×0.8；防撞垫缓冲
4	平行气爪	复动型；缸径 ϕ16；内螺纹 M5×0.8；压力范围 0.1～0.7 MPa；适配 CS1-G 感应开关
5	感应开关	两线式；有接点磁簧管型；常开型；线长 2 m；5～30 VDC 供电；红色 LED 指示；适用范围 G 型(用于 MD、MK、TR、TC、ACP、ACQ、STM、TWH(M)、TWQ、SDA 气缸)

五、装配站

1. 装配站组成及功能

装配站的主要功能是完成工件 A 与工件 C 的装配功能。本站通过气动摆臂和吸盘将料仓内的工件 C 搬运至待装配工位；行走机构载机器人将工件 A 从模拟焊接站搬运至装配站，并将工件 A 装配至工件 C 内,换爪后,将工件 C 抓取并行走搬运至立体仓库。本站主要由双料仓选择装置、气动吸盘摆臂、装配工位等组成,如图 2-8 所示。

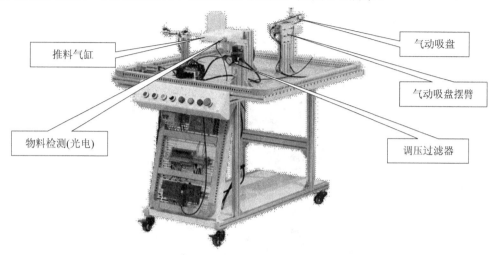

图 2-8　装配站

2. 装配站相关器件技术参数

装配站主要使用到 PLC、EM277 通信模块、传感器及气压元件等。表 2-5 为装配站相关器件技术参数。

表 2-5　装配站相关器件技术参数表

序号	器件名称	主要参数及功能
1	回转气缸	双活塞齿轮齿条式复动型;规格 10;回转角度范围 0～190°;重复精度 0.2°;力矩 1.1 N·m;接管口径 M5×0.8;油压缓冲
2	真空发生器	直接配管型(无消声器);喷嘴直径 ϕ0.5;最高真空度 +88 kPa;SUP 接口 Rc1/8;VAC 接口 Rc1/8;EXH 接口 Rc1/8
3	吸盘	垂直真空口接管;不带缓冲;ϕ10 平行吸盘;丁腈橡胶;接管方式外螺纹;螺纹直径 M5×0.8
4	调压过滤器	介质空气;内螺纹 PT1/4;差压排水式;MPa 刻度;滤水杯容量 15CC
5	气体电磁阀	五口二位;先导式;双位置双电控;内螺纹 M5;工作电压 24 VDC;DIN 插座式;铝合金;压力范围 0.15～0.8 MPa;介质空气

六、立体仓库

1. 立体仓库组成及功能

本站的主要功能是完成工件成品的入库存储功能。行走机构载机器人将工件 A、C 组合件从装配站搬运至立体仓库。此站另配置了 RFID 读写站,机器人将工件 A、C 组合件放置该读写站并读出工件 A 材质信息后,再放至待入库工位,三轴码垛机将工件 A、C 组合件依据读出材质信息运至指定库位，完成整个系统的动作过程。本站主要由三轴码垛机、立体货架、RFID 读写站等组成，如图 2-9 所示。

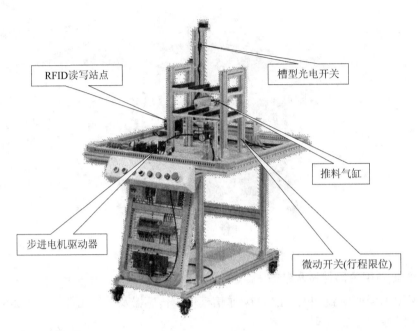

图 2-9 立体仓库

2. 立体仓库相关器件技术参数

立体仓库主要使用到 PLC，EM277 通信模块，传感器，步进电机及气压元件等。表 2-6 为立体仓库相关器件技术参数。

表 2-6 立体仓库相关器件技术参数表

序号	器件名称	主要参数及功能
1	光电开关(槽型)	L 型；槽宽 5 mm；红外光；5～24 VDC 供电；PNP 输出；LED 指示；2 m 电缆；尺寸 26 mm × 18.5 mm × 15.5 mm
2	步进电机驱动器	输入电压 12～48 VDC；输入信号电压 4～28 VDC；输入电流 0.3～2.2 A；步进脉冲频率 2 MHz；3 位拨码开关；8 种电流细分选择
3	气缸	复动型；缸径 ϕ10；行程 50 mm；附磁石；径向进气型；轴向固定架；内螺纹 M5 × 0.8；防撞垫缓冲
4	微动开关	滚珠摆杆型；0.5 A 125 / 250 VAC；3 脚焊线型(1NO + 1NC + 1COM)

七、工业机器人导轨

1. 导轨组成及功能

工业机器人导轨的主要功能是实现机器人移动和精确定位，实现总控台与机器人信号对接等功能。本站主要由川崎 RS10N 工业机器人及其 E74F 控制柜、机器人导轨、手爪夹具等组成，如图 2-10 所示。

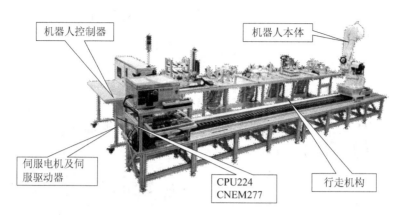

图 2-10 工业机器人与导轨

2. 工业机器人导轨相关器件技术参数

工业机器人导轨主要使用到 PLC、EM277 通信模块、传感器、伺服电机及工业机器人等。表 2-7 为工业机器人导轨相关器件技术参数。

表 2-7 工业机器人与导轨相关器件技术参数表

序号	器件名称	主要参数及功能
1	工业机器人	通用型；垂直多关节；6 轴；最大负载 10 kg；重复定位精度 ±0.04 mm；最大覆盖范围 1450 mm；最大合成速度 11 800 mm/s；本体重量 150 kg；全数字伺服系统；AS 语言编程；8 MB(8000 步)容量；32 点输入、32 点输出
2	交流伺服电机	额定输出功率 1000 W；90 机座号；小惯量系列；额定转矩 3.18 N·m；额定转速 3000 rpm；额定相电流 4.65 A；编码器 2500P/R；无制动器；适配驱动器 GS0100A
3	交流伺服驱动器	标准型；额定功率 1000 W；输入电压 220 VAC；增量式编码器(A、B、Z、U、V、W 输出)；多种控制模式脉冲≤500 kp/s、模拟电压 ±10 V、数字设定、混合模式等；六种脉冲输入方式；键盘及 LED 数码管显示；具有过压/过流/过载/失速/位置超差/编码器信号异常等报警保护功能
4	行走机构	行程 4000 mm；铝型材框架；同步带轮传动结构；支撑光轴导向机构，双滑块；钢制机器人安装底座
5	CPU(224 CN)	CPU 224 DC/DC/DC；数字量输入点数 14；数字量输出点数 10；脉冲输出 2；1 个 RS485 通信接口；支持 PPI 主站/从站协议；支持 MPI 从站协议；支持自由口协议；8 位模拟电位器数量 2；供电 24 VDC；尺寸 120 mm × 80 mm × 62 mm
6	Profibus DP 模块 (EM277)	RS485 通信接口；支持 PROFIBUSDP 协议；站点地址可在模块上调节(0～99)；电缆最大长度 1200 m；供电 24 VDC；尺寸 71 mm × 80 mm × 62 mm

八、RFID 站

1. RFID 站组成及功能

本站的主要功能是完成工件的物料信息写入与读取功能，该信息可作为后续入库功能的依据。本站主要由读写站、底座等组成。系统应包含两套 RFID 读/写站点，一套安装在供料检测站，用于写入物料属性检测信息；另一套安装在立体仓库站，用于读出物料属性作为入库依据。RFID 站点具体布置如图 2-11 所示。

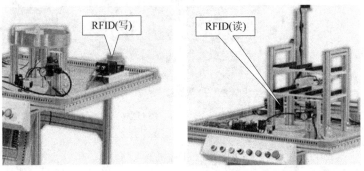

图 2-11　RFID 读/写站点布置图

2. RFID 读/写站点技术参数

RFID 站点主要由 RFID 读/写站点组成，具体技术参数如表 2-8 所示。

表 2-8　RFID 站点技术参数表

序号	器件名称	主要参数及功能
1	RFID 读/写站底座 (U-P6-B6)	PROFIBUS-DP 接口底座；PROFIBUS-DP 子站(依据 EN 50170)；2 个 PG 型的 IN 和 OUT 供电接口；2 个 EMV PG 型 BUS IN 和 OUT 接口；PROFIBUS-DP 总线能实现全部的读写功能；一个周期内最多传送 7 个双字(32 bit)；可选终端电阻；DIP 开关设置总线地址、总线连接、ON = 激活、OFF = 非激活；工作电压 20～30 VDC；纹波 10%SS，PELV；电能损耗 P0 连接上读写头 IPT×FP 最大 5 W；电气隔离工作电压/接口绝缘功能参考 DIN EN 50178 标准，额定绝缘电压 50 V；物理接口 RS485；协议 PROFIBUS-DP；传输速率 9.6、19.2、93.75、187.5、500、1500 kb/s；3、6、12 Mb/s 自同步；接线终端接口线 2 mm × 0.64 mm；双屏蔽，依据 PROFIBUS 标准 EN 50170；供电最大 3 mm × 1.5 mm；材料外壳黑色阳极氧化铝
2	RFID 读/写站 (IPT1-FP)	识别系统读/写站；集成控制单元；通过底座可选串行或总线接口；最大读距离 100 mm；最大写距离 50 mm；3 个 LED 功能指示灯；防护等级 IP67；优化的固定码读取速度；适合对 IPC11 进行写操作；工作频率 125 kHz；传输速率 2 kb/s；20～30 VDC，纹波 10%SS，PELV；电能损耗 P0 最大 5 W；工作电压/接口绝缘功能参考 DIN EN 50178 标准；额定绝缘电压 50 V；外壳 PBT
3	RFID 数据载码体 (IPC03-30P)	无源；32 bit 固定码空间；928 bit 可擦写存储空间；双面可读写；中间安装孔利于安装；工作频率 125 kHz；传输速率 2 kb/s；存储类型/大小 EEPROM 928 bit；ROM 32 bit；读次数不限写次数>100 000；数据保存期 10 年；材料外壳 PC(聚碳酸酯)；该载体可双面读写信息

九、触摸式人机界面

1. TPC7062KD 触摸屏

系统的人机界面采用 MCGS TPC7062KD 触摸屏。人机界面是在操作人员和机器设备之间作双向沟通的桥梁，用户可以在屏幕上自由的组合文字、按钮、图形、数字等来处理、监控及管理随时可能变化的信息。触摸屏人机界面如图 2-12 所示。

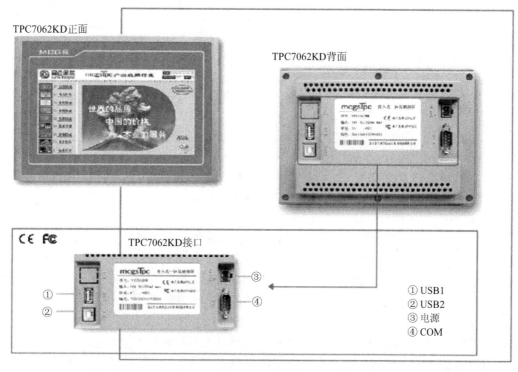

图 2-12　触摸屏人机界面

2. MCGS 嵌入版组态软件

MCGS 嵌入版组态软件(MCGSE)是一种用于快速构造和生成监控系统的组态软件，通过对现场数据的采集处理，以动画显示、报警处理、流程控制和报表输出等多种方式向用户提供解决实际工程问题的方案，在自动化领域有着广泛的应用。

1) MCGS 嵌入式体系结构

MCGS 嵌入式体系结构分为组态环境和模拟运行环境两部分。组态环境和模拟运行环境相当于一套完整的工具软件，模拟运行环境可以在 PC 机上运行。用户可根据实际需要裁减其中内容，它帮助用户设计和构造自己的组态工程并进行功能测试。

运行环境是一个独立的运行系统，它按照组态工程中用户指定的方式进行各种处理，完成用户组态设计的目标和功能。运行环境本身没有任何意义，必须与组态工程一起作为一个整体，才能构成用户应用系统。一旦组态工作完成，并且将组态好的工程通过 USB 通信或以太网下载到下位机的运行环境中，组态工程就可以离开组态环境而独立运行在下位机上，从而实现了控制系统的可靠性、实时性、确定性和安全性。

2）MCGS 工程的组成

MCGS 工程由主控窗口、设备窗口、用户窗口、实时数据库和运行策略五个部分构成，如图 2-13 所示。

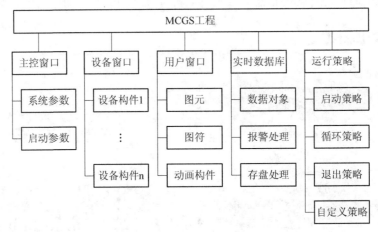

图 2-13　MCGS 组成框图

MCGS 工程各部分组成功能如下：

（1）主控窗口是工程的主窗口或主框架。在主控窗口中可以放置一个设备窗口和多个用户窗口，负责调度和管理这些窗口的打开或关闭。在主控窗口可进行的主要组态操作包括：定义工程的名称，编制工程菜单，设计封面图形，确定自动启动的窗口，设定动画刷新周期，指定数据库存盘文件名称及存盘时间等。

（2）设备窗口是连接和驱动外部设备的工作环境。在本窗口内可配置数据采集与控制输出设备，注册设备驱动程序，定义连接与驱动设备用的数据变量。

（3）用户窗口是设置工程中人机交互的界面。在本窗口内可生成各种动画显示画面；报警输出、数据与曲线图表等。

（4）实时数据库是工程各个部分的数据交换与处理中心，它将 MCGS 工程的各个部分连接成有机的整体。在本窗口内可定义不同类型和名称的变量，作为数据采集、处理、输出控制、动画连接及设备驱动的对象。

（5）运行策略主要完成工程运行流程的控制。运行策略包括编写控制程序(if...then 脚本程序)，选用各种功能构件，如数据提取、历史曲线、定时器、配方操作、多媒体输出等。

◇◇◇◇◇◇◇ 任务 2.3　RB0105 实训台工作原理 ◇◇◇◇◇◇◇

【任务目标】

掌握天津龙洲 RB0105 实训台的控制过程及各站点的工作原理。

【学习内容】

天津龙洲 RB0105 实训台是一套模拟自动化制造生产线的实训台，整个工作过程中，共涉及 A 和 B 两种工件，外形如图 2-14 所示。A 工件为圆柱体，材质有白色尼龙、蓝色尼龙和金属铝三种；B 工件为固定在模拟焊接站上的焊接圆柱体尼龙工件。

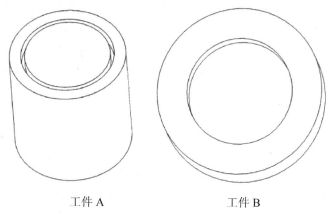

工件 A   工件 B

图 2-14　工件示意图

一、RB0105 实训台控制过程

(1) 总控站发送启动命令，整个系统启动运行，MCGS 屏幕上实时显示整个自动线运行状况；

(2) 供料检测站完成工件 A 的供料、材质检测、射频信息写入等工作。首先工件 A 从回转上料台依次送到检测工位，检测工件材质后提升装置将工件提升。工件 A 材质分为金属和尼龙两种，工件 A 料块底部内嵌 RFID 载码体。供料检测站配置有 RFID 读写站点，机器人将装有载码体的工件 A 抓取放置在该读写站点并写入工件 A 材质信息，再搬运至模拟加工站进行模拟雕铣加工；

(3) 模拟加工站完成工件 A 的装夹和模拟铣削加工。行走机构载机器人将工件 A 从供料检测站搬运至模拟加工站，放至待加工位置，传感器检测目标工件 A 到位后，完成工件 A 的气动夹具装夹和模拟雕铣加工；

(4) 模拟焊接站完成工件 A 的分度盘装夹和与工件 B 的模拟焊接功能。行走机构载机器人将工件 A 从模拟加工站搬运至模拟焊接站，并装至分度盘气动卡盘位置，传感器检测到位后，卡盘进行装夹，工件 B 随气动顶紧装置与工件 A 顶紧，随后分度盘进行旋转，配合机器人完成模拟焊接工作。完成焊接后，工件 B 将留在原位置，以配合下一次模拟焊接；

(5) 装配站完成工件 A 与工件 C 的装配功能。本站通过气动摆臂和吸盘将料仓内的工件 C 搬运至待装配工位；行走机构载机器人将工件 A 从模拟焊接站搬运至装配站，并将工件 A 装配至工件 C 内，换爪后，将工件 C 抓取并行走搬运至立体仓库；

(6) 立体仓库完成工件成品的入库存储功能。行走机构载机器人将工件 A、C 组合件从装配站搬运至立体仓库。此站配置了 RFID 读写站，机器人将工件 A、C 组合件放置该读写站读出工件 A 材质信息后，再放至待入库工位，三轴码垛机将工件 A、C 组合件依据读出材质信息运至指定库位，至此整个系统的自动化加工完成。

二、RB0105 实训台工作原理

(1) 总控站涉及 S7-300 PLC 编程技术，MCGS 触摸屏组态技术以及 PLC 通信技术。其工作原理主要有：S7-300 PLC 通过 PROFIBUS-DP 现场总线协议实现与各从站 S7-200 PLC 的通信处理，完成对整个实训台的总控；触摸屏通过 MCGS 组态软件，设计监控界面。

(2) 供料检测站涉及供料及物料检测控制，PLC 通信技术和 RFID 无线射频技术。其工作原理主要有：PLC 顺序控制继电器指令的应用完成供料检测站工作；S7-200 PLC 与 S7-300 PLC 通过 PROFIBUS-DP 协议实现数据通信；RFID 读写数据处理。

(3) 模拟加工站主要涉及 PLC 顺序控制继电器指令应用、PLC 发脉冲编程技术和 PLC 通信技术。其工作原理主要有：顺序控制继电器指令控制 PLC 按步骤工作；PLC 发送高速脉冲，控制模拟数控铣床各轴位移，模拟加工；S7-200 PLC 与 S7-300 PLC 通过 PROFIBUS-DP 现场总线协议实现数据通信。

(4) 模拟焊接站涉及 PLC 顺序控制继电器指令应用、PLC 发脉冲编程技术和 PLC 通信技术。其工作原理主要有：顺序控制继电器指令控制 PLC 按步骤工作；PLC 发送高速脉冲，控制模拟焊接旋转轴工作；S7-200 PLC 与 S7-300 PLC 通过 PROFIBUS-DP 现场总线协议实现数据通信。

(5) 装配站涉及 PLC 顺序控制继电器指令应用和 PLC 通信技术。其工作原理主要有：顺序控制继电器指令控制 PLC 按步骤工作；S7-200 PLC 与 S7-300 PLC 通过 PROFIBUS-DP 现场总线协议实现数据通信。

(6) 立体仓库涉及 PLC 发脉冲编程技术和 PLC 通信技术。其工作原理主要有：PLC 发送高速脉冲，控制立体仓库机械手精确定位，完成出入库工作；S7-200 PLC 与 S7-300 PLC 通过 PROFIBUS-DP 现场总线协议实现数据通信。

(7) 机器人导轨涉及 PLC 发脉冲编程技术和 PLC 通信技术。其工作原理主要有：PLC 发送高速脉冲，控制工业机器人精确定位；S7-200 PLC 与 S7-300 PLC 通过 PROFIBUS-DP 现场总线协议实现数据通信；S7-200 PLC 与工业机器人通过通用 I/O 接口实现数据通信。

◇◇◇◇◇◇◇ 任务 2.4　认识自动化生产线常用传感器　◇◇◇◇◇◇◇

【任务目标】

掌握自动化生产线常用传感器的类型和工作原理。

【学习内容】

传感器是一种检测装置，它能把被检测的物理量转换为与之相对应的电量输出，以满足信息的传输、处理、记录、显示和控制等要求。在工业产品的生产，尤其是自动化生产过程中，要用各种传感器来监控和控制生产过程中的各个参数，使整个系统能正常工作，可靠运行。本小节主要介绍自动化生产线常用的传感器。

1. 光电开关

光电开关是光电接近开关的简称，是一种光电式传感器，它是利用被检测物对光束的遮挡或反射，由同步回路接通电路，从而检测物体的有无。物体不限于金属，所有能反射光线或者对光线有遮挡作用的物体均可以被检测。

光电开关将输入电流在发射器上转换为光信号射出，接收器再根据接收到的光线的强弱或有无对目标物体进行探测。光电开关已被用作物位检测、液位控制、产品计数、宽度判别、速度检测、定长剪切、孔洞识别、信号延时、自动门传感、色标检出、冲床和剪切机以及安全防护等诸多领域。

光电开关按检测方式可分为漫射式、对射式、镜面反射式、槽式光电开关和光纤式光电开关等，常见光电开关如图 2-15 所示。

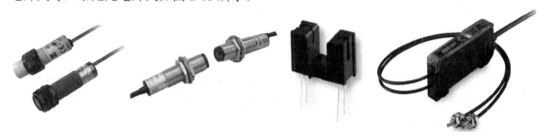

(a) 漫射式光电开关　　(b) 对射式光电开关　　(c) 槽式光电开关　　(d) 光纤式光电开关

图 2-15　常见光电开关实物图

2. 电感式接近开关

电感式接近开关是一种检测金属接近的开关。它由电感线圈、电容及晶体管组成振荡器，并产生一个交变磁场，当有金属物体接近这一磁场时就会在金属物体内产生涡流，从而导致振荡停止，这种变化被后极放大处理后转换成晶体管开关信号输出。常见电感式接近开关如图 2-16 所示。

图 2-16　常见电感式接近开关实物图

3. 电容式接近开关

电容式接近开关可以检测大部分物体，包含液体和灰尘等物体的接近。它是通过物体接近改变电容的介电常数,控制开关接通或断开的传感器。电容式接近开关实物图如图2-17所示。当有物体移向接近开关时,不论它是否为导体,都会使电容的介电常数发生变化,从而使电容量发生变化,使得和测量头相连的电路状态也随之发生变化,由此控制开关的接通或断开。

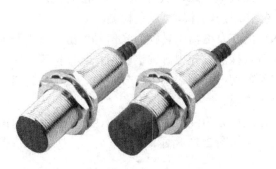

图 2-17   电容式接近开关实物图

4. 磁性开关

磁性开关也叫磁控开关,是一种利用磁场信号来控制的线路开关器件,用来检测磁性材料的接近状态。磁性开关实物图如图2-18所示。磁性开关用于气缸、安全门控制等需要检测内部状态的场合。

图 2-18   常见磁性开关实物图

5. 限位开关

限位开关又称行程开关,如图2-19所示。它可以安装在相对静止的物体或者运动的物体上,当物体与限位开关发生机械接触时,则触发开关闭合或断开。限位开关是一种高可靠性,长寿命的传感器,一般用于行程控制,限制位置等重要场合。

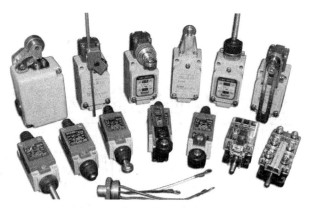

图 2-19　常见限位开关实物图

6. RFID 无线射频传感器

RFID(Radio Frequency Identification)技术，又称无线射频识别，是一种无线通信技术，可通过无线电信号识别特定目标并读写相关数据，而无需识别系统与特定目标之间建立机械或光学接触，常见 RFID 传感器实物图如图 2-20 所示。RFID 技术的基本工作原理：标签进入磁场后，接收解读器发出的射频信号，凭借感应电流所获得的能量发送出存储在芯片中的产品信息(无源标签或被动标签)，或者由标签主动发送某一频率的信号(Active Tag，有源标签或主动标签)，解读器读取信息并解码后，送至中央信息系统进行有关数据处理。

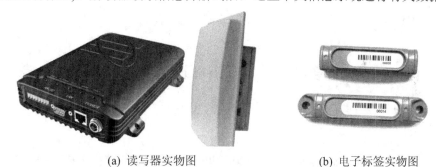

(a) 读写器实物图　　　　　　　　　(b) 电子标签实物图

图 2-20　常见 RFID 传感器实物图

◇◇◇◇◇◇　习　　题　◇◇◇◇◇◇

1. 什么是自动生产线？它主要由哪些部分组成？

2. RB0105 实训系统里使用了哪些控制器？这些控制器如何通信？使用到的 PLC 型号有哪些？

3. 光电开关工作原理是什么？

4. 电感式接近开关工作原理是什么？

5. 电容式接近开关工作原理是什么？

6. 磁性开关工作原理是什么？

7. 限位开关工作原理是什么？

模块三 工业机器人示教与操作

（川崎工业机器人）

【模块目标】

掌握川崎 RS10N 工业机器人及其 E20F 和 E74F 控制器的结构组成、操作界面；熟练掌握 RS10N 工业机器人的基本操作和示教方法；掌握 RS10N 工业机器人 AS 语言的基础知识、常用程序命令和示教方法。

【学习设备】

川崎 RS10N 工业机器人及其 E20F 和 E74F 控制器。

◇◇◇◇◇◇ 任务 3.1 认识川崎工业机器人 ◇◇◇◇◇◇

【任务目标】

掌握川崎 RS10N 工业机器人及其 E20F 和 E74F 控制器的结构组成、操作界面。

【学习内容】

一、川崎工业机器人的基本结构

1. 工业机器人本体

工业机器人本体主要由手部、腕部、手臂、腰部等机械结构，传动部件和伺服电机等组成，是机器人的支承基础和执行机构。川崎工业机器人共有 6 个关节型旋转轴，分别用 JT1～JT6 轴命名，一共 6 个自由度，可实现机器人工具头任意位置的定位。川崎工业机器人结构及各旋转轴运动方向如图 3-1 所示。

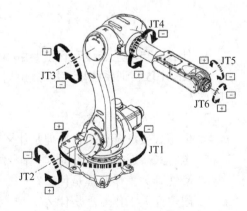

图 3-1 工业机器人结构简图

2. 川崎机器人坐标系规定

和大部分商用工业机器人一样，川崎机器人一共有三种坐标系，分别是关节坐标系、基础坐标系和工具坐标系，其中基础坐标系和工具坐标系属于直角坐标系，其关系图如图3-2 所示。

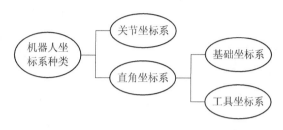

图 3-2　川崎工业机器人坐标系统

(1) 关节坐标系(Joint)：一共有 JT1，JT2，JT3，JT4，JT5，JT6 六个旋转轴，其各轴设置和运动方向如图 3-1 所示。

(2) 基础坐标系(Base)：一共有 X, Y, Z, O, A, T 六个轴。基础坐标系一般以机器人第一关节的中心点为坐标原点，三个直线坐标轴 X、Y、Z 轴符合右手笛卡尔定则，三个旋转坐标轴 O、A、T 轴符合右手螺旋定则。基础坐标系各轴方向如图 3-3 所示。

(3) 工具坐标系(Tool)：一共有 X, Y, Z, O, A, T 六个轴。工具坐标系一般以机器人第六关节的中心点，即工具中心点(TCP 点)为坐标原点，三个直线坐标轴 X、Y、Z 轴同样符合右手笛卡尔定则，三个旋转坐标轴 O、A、T 轴也符合右手螺旋定则。工具坐标系各轴方向如图 3-4 所示。

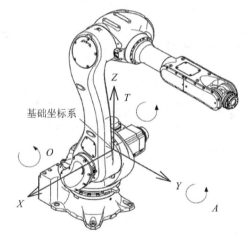

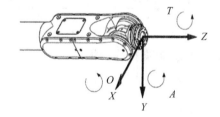

图 3-3　基础坐标系各轴方向示意图　　　图 3-4　工具坐标系各轴方向示意图

通过示教器的"轴"键，可以单独控制各轴移动，也可以同时按多个"轴"键，联合移动多个轴。

3. 川崎工业机器人控制器

与川崎 RS10N 工业机器人本体相配套的控制器型号有 E20F、E74F 系列等，其中 E74F 系列为简易型控制器。控制器实物图如图 3-5 所示。

工业机器人控制器结构组成如图 3-6 所示，各部分组成功能如表 3-1 所示。

（a）E20F 控制器　　（b）E74F 控制器
图 3-5　控制器实物图

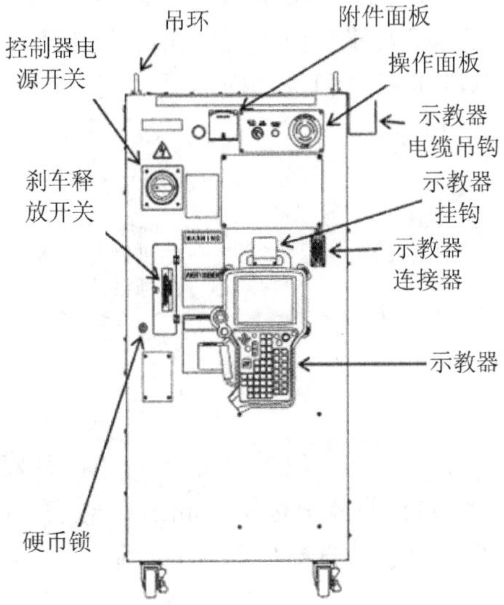

图 3-6　川崎工业机器人控制器组成

表 3-1　川崎工业机器人控制器功能表

组成部分	功能说明
控制器电源开关	打开/切断控制器的电源
示教器	提供示教机器人和编辑数据所需的按钮。示教器上的操作屏幕用来显示并操作各种数据
外部存储设备	提供与外部存储设备连接的 USB 接口和与 PC 连接的 RS232C 串口
操作面板	提供操作机器人所需的各种开关
示教器连接器	用于连接示教器
示教器挂钩	悬挂示教器
硬币锁	控制器门开关锁

4. 控制器操作面板

工业机器人控制器操作面板如图 3-7 所示。

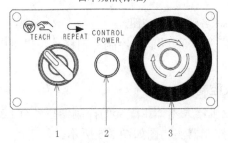

图 3-7　川崎工业机器人控制器操作面板

5．川崎工业机器人示教器

示教器是操作机器人的核心组件，是一种可移动的人机交互面板，主要由操作屏幕、操作键盘紧急停止开关、示教/再现模式选择和背部的握杆触发开关等组成。川崎工业机器人示教器示意图如图 3-8 所示。

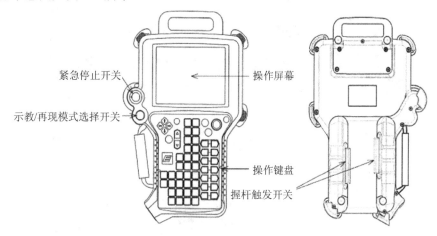

图 3-8　川崎工业机器人示教器

示教器操作屏幕的显示画面一共分为 A、B、C 三区，如图 3-9 所示。

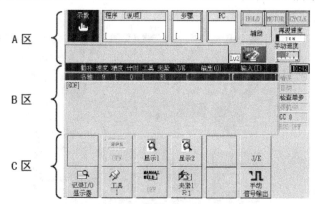

图 3-9　示教器显示画面

示教器显示画面的 A 区和 B 区又划分为 10 个显示部分，如图 3-10 所示。

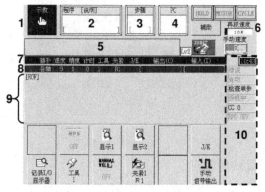

图 3-10　示教器画面划分

显示画面各功能区下级菜单如图 3-11 所示。

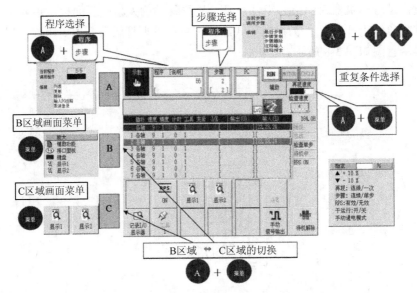

图 3-11　各功能区下级菜单

示教器操作键盘如图 3-12 所示。

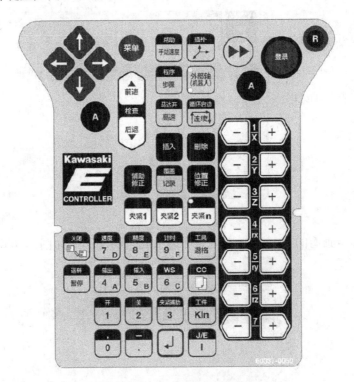

图 3-12　示教器操作键盘

6. 示教器操作键盘功能说明

川崎工业机器人示教器操作键盘各按钮功能如表 3-2 和表 3-3 所示。

表 3-2　示教器操作键盘功能表(一)

按　键	功　　能
紧急停止开关	简称急停开关，用于切断机器人马达电源并且停止机器人运动。向右旋转，可释放急停开关
示教/再现模式选择开关	用于切换机器人工作模式：示教(TEACH)模式和再现(REPEAT)模式(注：必须同时在示教器和控制器面板上选择同一模式才有效)
握杆触发开关	示教模式下，需要手动移动机器人时，则必须半按该开关。未按或按到底时，机器人将停止运动

表 3-3　示教器操作键盘功能表(二)

按键	功　　能	同时按下 A 键时的功能
A	A 键：用于选择蓝色背景的按键，按下有效	
菜单	菜单键：在活动区显示下拉菜单	
光标键	光标键：移动光标位置	A+↑：在示教或编辑模式下切换到上一步骤； A+↑：在示教或编辑模式下切换到下一步骤
登录	登录键：与"回车"键功能相同。但是，此键不能对键盘画面中输入的数据进行登录	
R	R 键：删除输入框中的数据；返回到上一画面等；显示 R 代码输入框后，按下 A 键+"帮助"键显示 R 代码列表	读取显示画面图像，在 USB 闪存中保存为图表格式(PNG)格式
高速检查键	高速检查键：当高速检查功能有效时，按下"检查前进"/"检查后退"+此键以高速进行检查操作	
前进	检查前进键：在检查模式下进入下一步。在再现模式下，用作单步的前进键	在辅助 0807 的[前进后退连续模式]设定为[无效]并检查模式设定为[检查单步]时，进入下一步

按键	功　　能	同时按下 A 键时的功能
后退 ▼	检查后退键：在检查模式下退回到下一步	在辅助 0807 的[前进后退连续模式]设定为[无效]并检查模式设定为[检查单步]时，退回到下一步
帮助 手动速度	设定手动和检查操作的速度。每按下此键切换速度如下：1→2→3→4→5→1	帮助键：显示客户创建的帮助画面。在显示辅助功能画面上按下 A 键＋此键就会显示与其辅助功能关系的帮助信息
插补	选择手动操作的坐标系，每按下此键切换操作模式如下：各轴→基础→工具→各轴	选择插补命令类型。每按下 A 键＋此键，切换插补模式如下：各轴→直线→直线 2→圆弧 1→圆弧 2→F 直线→F 圆弧 1→F 圆弧 2→X 直线→各轴
程序 步骤	显示步骤选择菜单	显示程序选择菜单
马达开 高速	加速在示教和检查模式下的机器人动作速度(只有在按下时才有效)	打开/切断马达电源
循环启动 连续 ↓	检查动作时，在单步和连续之间切换	在循环模式下开始循环
插入	在程序中插入新的步骤	
删除	删除程序步骤	
辅助 修正	编辑辅助数据	
覆盖 记录	在当前步骤后面添加新的步骤	用新的步骤覆盖当前步骤
位置 修正	修改位置数据	
夹紧1	切换夹紧 1 命令的信号数据：ON→OFF→ON	A 键＋该键：夹紧 1 信号立即开关：ON→OFF→ON
夹紧2	切换夹紧 2 命令的信号数据：ON→OFF→ON	A 键＋该键：夹紧 2 信号立即开关：ON→OFF→ON
夹紧n	切换夹紧 n 信号 ON 或 OFF。当按下此按键时，按键上的 LED 灯亮(红色)/熄灭。夹紧 T 数字(1～8)切换指定夹紧 n 命令的信号数据：ON→OFF→ON 夹紧 n 信号为 ON 时，LED 变成红色	同时按下 A 键＋夹紧键＋数字(1～8)，切换夹紧命令信号数据和指定夹紧编号的实际夹紧号：ON→OFF→ON

按键	功　能	同时按下 A 键时的功能
轴键（−/+）	轴键，使 JT1 到 JT7 的各轴运动	
−/.	输入"."	输入"−"
,/0	输入"0"	输入","
开/1	输入"1"	将指定的实际夹紧信号强制为 ON
关/2	输入"2"	将指定的实际夹紧信号强制为 OFF
夹紧辅助/3	输入"3"	在综合命令示教中，显示夹紧辅助功能(O/C)命令数据的输入画面
输出/4 A	输入"4"	在综合命令示教中，显示 OX 命令数据的输入画面。不在综合命令示教中输入"A"
输入/5 B	输入"5"	在综合命令示教中，显示 WX 命令数据的输入画面。不在综合命令示教中输入"B"
WS/6 C	输入"6"	在综合命令示教中，显示 WS 命令数据的输入画面。不在综合命令示教中输入"C"
速度/7 D	输入"7"	在综合命令示教中，显示速度命令数据的输入画面。不在综合命令示教中输入"D"
精度/8 E	输入"8"	在综合命令示教中，显示精度命令数据的输入画面。不在综合命令示教中输入"E"
计时/9 F	输入"9"	在综合命令示教中，显示计时命令数据的输入画面。不在综合命令示教中输入"F"
工具/退格	删除光标前面的字符	在综合命令示教中，显示工具命令数据的输入画面
CC	显示/隐藏接口面板画面	在综合命令示教中，显示 CC 命令数据的输入画面

按键	功　能	同时按下 A 键时的功能
工件 **KIn**	指定 KI 命令编号	在综合命令示教中，显示工具命令数据的输入画面
J/E **I**	激活程序编辑功能(选择综合命令示教画面以外的画面，例如 AS 语言示教、位置示教、程序编辑画面)	切换 J/E(Jump/End)命令的设定状态
↵	登录输入数据	
关闭	每按一下切换活动画面	关闭当前活动监控画面
运转 **暂停**	使机器进入暂停状态	使机器进入运转状态

◇◇◇◇◇◇◇ **任务 3.2　工业机器人基本操作** ◇◇◇◇◇◇◇

【任务目标】

掌握川崎工业机器人的基本操作方法和步骤。

【学习内容】

一、安全操作规程

(1) 禁止用力摇晃机械臂及在机械臂上悬挂重物。

(2) 示教时应穿戴和使用规定的工作服、安全鞋、安全帽、保护用具等，请勿戴手套。

(3) 未经许可不能擅自进入机器人工作区域。调试人员进入机器人工作区域时，需随身携带示教器，以防他人误操作。

(4) 示教前，需仔细确认示教器的安全保护装置是否能够正确工作，如"急停键"或"安全开关"等。

(5) 在手动操作机器人时，应采用较低的倍率速度，确保安全。

(6) 在按下示教器上的"轴键"之前，要考虑机器人的运动方向，确认后再操作。

(7) 要预先考虑好避让机器人的运动轨迹，并确认该路径不受干涉。

(8) 当察觉到有危险时，立即按下"急停"开关，停止机器人运转。

二、川崎工业机器人基本操作

1. 开机操作步骤

(1) 先确认所有人离开工作区域，且安全防护得当；

(2) 按下"急停"开关；

(3) 打开控制器电源；

(4) 开机后解除急停，然后马达开，运行开。

2. 停机操作步骤

(1) 示教模式：松开握杆触发开关，再按"暂停"键；

(2) 再现模式：按"暂停"键；

(3) 紧急情况：按"急停开关"。

3. 关机操作步骤

(1) 先按"暂停"键，停止机器人运行；

(2) 再按"急停开关"，关闭机器人马达；

(3) 关闭控制器电源。

4. 手动运动各轴操作步骤

(1) 选择示教模式，马达开和运行开；

(2) 选择坐标系，手动速度选 3 挡；

(3) 半握握杆触发开关，按各轴轴键运动机器人；

(4) 练习完毕，机器人回零；

(5) 按照上述步骤，依次练习关节坐标系和工具坐标系。

5. 夹具开关操作步骤

(1) 选择示教模式；

(2) 按"A"键和"夹紧 1"键，控制 1 号夹具开关；

(3) 选择示教器显示区——C 区，选择 9 和 10 输出信号；

(4) 按键盘开关键，打开和关闭 9 和 10 信号，观察 1 号夹具开关情况。

6. 机器人回零操作步骤

选再现模式，点击操作屏幕 B 区，选择"键盘"，输入 do home，按回车键。

◇◇◇◇◇◇ 任务 3.3 工业机器人综合命令示教 ◇◇◇◇◇◇

【任务目标】

掌握川崎工业机器人的综合命令示教基础知识和步骤。

【学习内容】

如图 3-13 所示，使用综合命令示教完成机器人运动程序的编制，并完成示教找点和检验。

各位置点具体要求如表 3-4 所示。

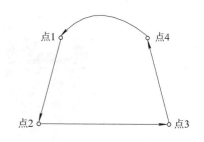

图 3-13　工业机器人运动轨迹

表3-4　各位置点具体要求

步骤	示教点	示 教 内 容	要素命令和参数值				
			插补	速度	精度	计时	工具
1	1	示教在机器人开始运动点的位姿	关节	9	4	0	1
2	2	机器人以速度7和直线插补位置精度3从点1移动到点2，并等待每个计时命令	直线	7	3	1	1
3	3	机器人以速度5从点2直线插补移动到点3，并把工具由工具1改变为工具2	直线	5	3	0	2
4	4	机器人以速度6从点3直线插补移动到点4，并把工具由工具2改变为工具1	直线	6	3	0	1
5	1	机器人以速度7直线插补从点4移动到点1	关节	7	3	0	1

一、综合命令示教基础知识

使用川崎工业机器人综合命令来编辑机器人操作程序，也称为一体化示教。示教时，需要按"I"键，先进入 B 区的示教画面，示教画面如图 3-14 所示。采用综合命令编写的程序如图 3-15 所示。

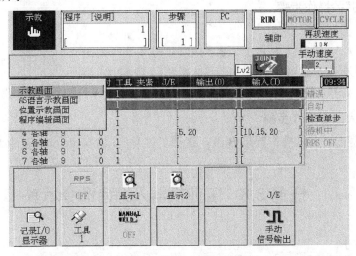

图 3-14　综合命令示教画面

图 3-15　综合命令程序示例

由程序示例可知，综合命令编写的机器人程序，每一个步骤都包含若干个要素命令。综合命令各要素命令功能及其参数如表 3-5 所示。

表 3-5　综合示教命令列表

要素命令	参　　数	按键
插补	各轴/直线/直线 2/圆弧 1/圆弧 2/F 直线/F 圆弧 1/F 圆弧 2/X 直线)	A＋插补
速度	0～9	A＋速度
精度	0～9	A＋精度
计时	0～9	A＋计时
工具	1～9	A＋工具或工具
夹紧	无显示 1～2	夹紧 1 / 夹紧 2
WK(工件)*	无显示 C	A＋＜工件＞
J/E(跳转/结束)	J，E	A＋J/E 或 ＜J/E＞
输出	1～64	A＋输出
输入	1～64	A＋输入

1. 插补命令

综合命令程序示例如图 3-16 所示，其中插补命令选择和注释如表 3-6 所示。

图 3-16　综合命令程序示例

表 3-6　插补命令说明

模式	说　　明
各轴	机器人移动到目标点以便所有轴在两个示教点之间的各轴值的差的相同比例减少。当在两点之间，不同机器人的运动路径而以时间优先时，选择此模式
直线	当在两个示教点之间的工具坐标系(OAT)的姿态的差根据到目标点的距离，以相同的比例减少时，TCP 在两个示教点沿直线路径移动到目标点
直线 2	当在两个示教点之间的手腕轴(JT4、JT5、JT6)值的差在所有手腕轴以相同的比例减少，TCP 在两个示教点沿直线路径移动到目标点
圆弧 1	当 TCP 指定的 3 点以圆弧路径移动时，并要指定机器人在两点(开始和结束点)之间的中间点的位置时，选择此模式。当机器人在直线插补模式下，以相同的方式改变工具坐标系(OAT)的姿态时，TCP 沿圆弧路径移动
圆弧 2	当 TCP 指定的 3 点以圆弧路径移动时，并要指定机器人在结束点的位置时，选择此模式。当机器人在直线插补模式下，以相同的方式改变工具坐标系(0AT)的姿态时，TCP 沿圆弧路径移动
F 直线/F 圆弧 1/ F 圆弧 2/	要移动在固定工具坐标系上的工件时，选择此模式
X 直线	当在直线插模式下移动到目标点的过程中输入感应信号时，机器人停止 使用感应功能时，选择此模式

2. 速度命令

速度命令设定示例如图 3-17 所示。

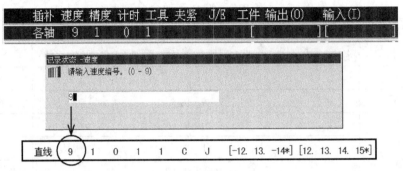

图 3-17　速度命令设定

注：以速度编号表示的实际速度在<辅助>/[辅助功能]–[3.辅助数据设定]–[1.速度]中设定。

3. 精度命令

精度命令设定示例如图 3-18 所示。

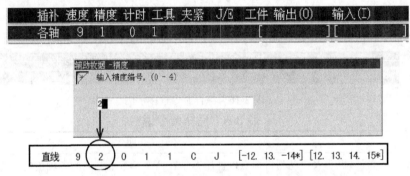

图 3-18　精度命令设定

注：以精度编号表示的实际精度在<辅助>/[辅助功能]–[3.辅助数据设定]–[2.精度]中设定。

举例：如选择精度为 2，如果辅助数据中设置精度 Z 为 200 mm，则机器人运动轨迹如图 3-19 所示，不经过 B 点，而是通过半径为 200 mm 的圆弧过渡。

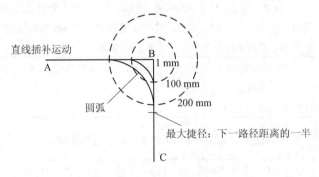

图 3-19　精度与运动轨迹图

4. 计时器命令

计时器命令设定如图3-20所示。

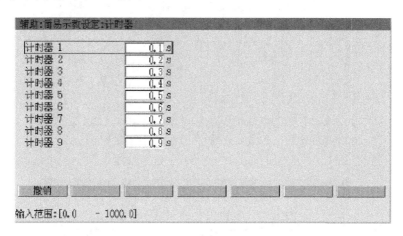

图 3-20　计时器命令设定

注：以计时编号表示的实际等待时间度在<辅助>/[辅助功能] – [3.辅助数据设定] – [3.计时] 中设定。

5. 工具命令

工具命令设定如图3-21所示，工具命令具体参数设定如图3-22所示。

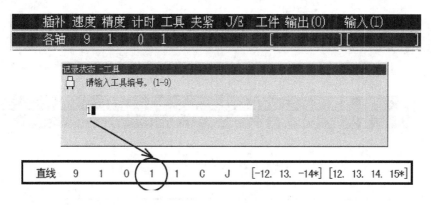

图 3-21　工具命令设定(一)

以工具编号表示的工具数据在<辅助>/[辅助功能] – [3.辅助数据设定] – [4.工具登录]中设定。

(1) 输入数据到各个项目。当使用了几个工具时，请按<下一页>进入下一画面，并输入工具数据，如图3-22(a)所示。

(2) 在上一画面按〈工具形状〉显示画面如图 3-22(b)所示。设定[工具形状]为[有效]，来控制基于工具端点的示教/检查速度。然后输入端点(最多8点)的位置数据。当使用了几个工具时，按〈下一页〉移动到下一页并输入工具数据。按〈工具登录〉显示登录画面。

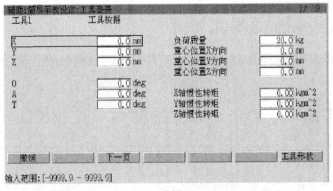

(a)

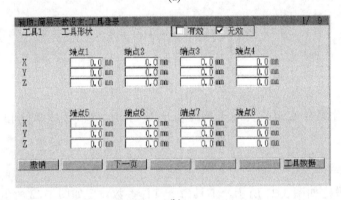

(b)

图 3-22　工具命令参数

6. 夹紧命令

夹紧命令设定如图 3-23 所示。

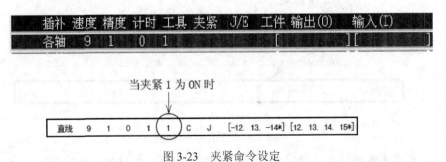

图 3-23　夹紧命令设定

示教步骤中轴一致后，设定夹紧命令。为夹紧 1 或夹紧 2 选择参数值(ON/OFF)，按夹紧 1 或夹紧 2 键。参数值每次按 ON→OFF→ON 来转换。参数行的显示改变：夹紧命令编号(1 或 2)→无显示→夹紧命令编号。对于夹紧 3 或夹紧 n，用夹紧 n+数字来选择 ON/OFF。夹紧-n 命令的参数值(ON/OFF)显示在夹紧数据的页上。当显示示教画面时，按 A + ←/→就会显示夹紧 n 数据的页。

7. 工件命令(选项)

工件命令设定如图 3-24 所示。

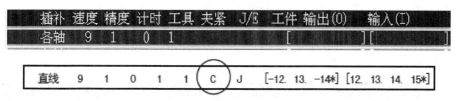

图 3-24 工件命令设定

按 A + 工件可以切换参数值：不补偿→工作补偿→不补偿。画面显示改变：无显示→C→无显示。当示教点是 3D 感应器补偿功能(可选)的一点时，选择工作 C，否则，选择 0(无显示)。

8. 跳转/结束(J/E)命令

跳转结束命令设定如图 3-25 所示。

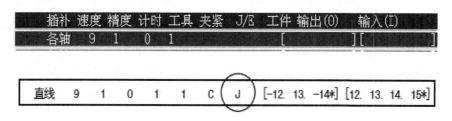

图 3-25 跳转 1 结束命令设定

按 J/E 或 A + J/E 可以切换参数值：不设定→跳转命令→结束命令→不设定。画面就会显示改变：无显示→J→E→无显示。在执行示教本命令的步骤后，决定程序步骤执行的方法。各命令做如下处理。

不设定：按顺序执行步骤继续当前已执行的程序；

J：跳转命令跳转到已选择的程序；

E：结束命令结束程序执行。

9. 输出(O)命令

输出命令设定如图 3-26 所示。

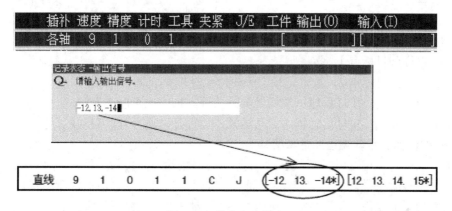

图 3-26 输出命令设定

按下输出可以显示设定输出信号的画面。按数字键和回车键可以输入输出信号编号。

当示教点轴一致后，设定输出哪个信号。

10. 输入(I)命令

输入命令设定如图 3-27 所示。

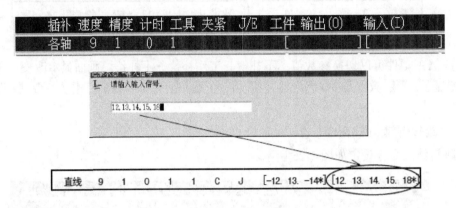

图 3-27　输入命令设定

按输入就会显示设定输入信号的画面。按数字键和回车键可以输入输入信号编号。按回车可以确定输入的编号。当示教点轴一致后，设定机器人要等待的输入信号。

11. 点焊信息命令

关于点焊命令的示教，为每个点焊设定以下 4 种类型的辅助数据：开/关(焊枪)、WS(Weld Schedule number(焊接程序编号))、CC(Clamp Condition(夹紧条件))和用于双行程可伸缩焊枪的 R/E(Retract/Extend(缩回/伸出))。

二、综合命令示教步骤

1. 综合命令示教步骤

(1) 机器人开机，马达开，运行开；

(2) 选择"示教"模式；

(3) 新建程序：按"A"键＋"程序"键，选择"列表"，再选择"文字输入"，在键盘中，输入程序名，最后按"回车"键；

(4) 设置插补、速度、精度、计时、工具、夹紧等命令；

(5) 定位到目标点 1，按"记录"；

(6) 定位到目标点 2，按"记录"……以此类推完成编程；

(7) 示教模式，验证程序：握杆触发开关开，按"检查前进"键；

(8) 再现模式，自动运行程序：马达开，运行开，循环开，自动运行刚才的程序。

2. 综合命令示教编程注意事项

(1) 示教时，可以用"A"键＋"删除"键，删除当前步骤。

(2) 示教时，可以按"A"键＋"插入"键，在当前步骤之前插入新步骤。

(3) 如果需要修改位置数据，可以按"A"键＋"位置修正"键。

(4) 如果需要修改辅助数据，可以按"A"键＋"辅助修正"键。

(5) 按"A"键＋"覆盖"键，可以同时修改位置数据和辅助数据。

【任务目标】

掌握川崎工业机器人 AS 语言基础知识。

【学习内容】

一、AS 语言概述

1. AS 语言概述

AS 语言是川崎工业机器人专用的控制语言。AS 语言示教是指利用专门的 AS 语言来编辑机器人程序，简称 AS 示教。

在 AS 语言系统中用户可以用 AS 语言开发程序和机器人进行通信。AS 语言系统存储在机器人控制单元的永久存储器里。在电源开启时，AS 语言系统启动并等待命令的输入，然后按照给定的指令和程序控制机器人。

AS 语言可以分为两种类型：监控指令 M 和程序命令 P。

监控指令：用来写入、编辑和执行程序。它们在画面显示的提示符(>)后面输入，并且被立即执行。有些监控指令也可以作为程序命令使用。

程序命令：用来引导机器人的动作，在程序中监视或控制外部信号等。

2. AS 语言的特点

(1) 可以使机器人沿着连续路径(Continuous Path，CP)运动。

(2) 提供有两种坐标系统，基础坐标系和工具坐标系，可以按两种坐标移动机器人。

(3) 坐标系可以按工作位姿的改变而进行平移或旋转。

(4) 在示教位姿时，机器人可以保持工具中心点沿直线路径定向运动。

(5) 程序可以自由命名和保存，且没有数量的限制。

(6) 可以使用子程序。每个子程序完成一定的功能，多个子程序组成一个复杂的程序。

(7) 通过监控信号的变化响应外部信号的中断，并执行中断程序。

(8) 不包含运动指令的过程控制程序(Process Control program，PC 程序)可以与机器人控制程序同时执行。

(9) 程序和位姿数据可以显示在屏幕上，也可存储在 USB 闪存等设备上。

(10) 编程工作可以在装有川崎终端软件(KRterm 或 KCwin32/KCwinTCP)的个人计算机上完成。(离线编程)

3. AS 系统运行模式

1) 监控模式

此模式控制并监视 AS 系统的执行，是 AS 系统中的基本模式。监控指令可以在此模式中执行。从监控模式可以进入编辑模式(通过执行 EDIT 指令)或再生模式(通过执行 EXECUTE 指令)。

2) 编辑模式

使用此模式可以创建新程序或修改一个存在的程序。在编辑模式下，系统仅可执行编辑指令。

3) 再生模式

程序运行过程中系统处于再生模式，在此模式下可以处理从终端(如示教器或 PC 机)输入的指令。此时，在一定的周期内进行机器人运动控制计算。在再生模式下有些监控指令不能执行，但能执行如下功能：① 显示系统状态或定义机器人位姿变量；② 保存数据到外部存储器、存储设备；③ 编写/编辑程序；

二、AS 语言基础知识

1. AS 语言的符号与规则

AS 语言分为监控指令 M(Monitor)，程序命令 P，编辑器指令 E，开关 S，函数 F 及运算符 O 等。AS 语言中所有的关键字(指令和命令等)用大写字母，其他用小写字母。关键字可缩写，例如，EXECUTE 命令可缩写为 EX。命令或参数之间至少有一个空格或制表格，以示分开，多余的空格或制表格将被忽略。

2. 数值

AS 语言中的数值在没有特别说明时数值是用十进制数表达的。

举例：

距离：用来定义机器人在两点之间移动的长度，毫米(mm)为单位；

角度：在指定位置处定义和修正机器人的姿态，描述机器人各关节的旋转值，可正可负。

信号编号：以整数形式标识二进制(开/关)信号，负的信号编号表示 OFF 状态。输入输出信号的信号编号如表 3-7 所示。

表 3-7　输入输出信号的信号编号

	标准范围	最大范围
外部输出信号	1～32	1～960
外部输入信号	1001～1032	1001～1960
内部信号	2001～2256	2001～2960

3. 位姿信息

位姿信息用来指定给定工作区域中机器人的位置和姿态。一般指的是机器人工具中心点(Tool center point)的位置和定向。

位姿信息可以用一套关节位移值或变换值来描述。

(1) 关节值(J1，J2，J3，J4，J5，J6)，例如关节位移值由 JT1，…，JT6 按顺序表达，每个关节的位移值显示在关节编号下。

```
              JT1    JT2    JT3     JT4    JT5    JT6
#pose  =   0.00   33.00  -15.00    0     -40    30
```

(2) 变换值(X，Y，Z，O，A，T)：用与参考系的关系描述坐标系的姿态，指的是机器人的工具坐标系相对于基础坐标系的变换值。位置由基础坐标系的 TCP 的 *XYZ* 值给定，定向由基础坐标系的工具坐标的欧拉 OAT 角度给定。

$$
\begin{array}{ccccccc}
 & X & Y & Z & O & A & T \\
\text{Pose} = & 0 & 1434 & 300 & 0 & 0 & 0
\end{array}
$$

4．数字信息

数字信息用来存放数值。数值和表达式可以用作数字信息。

(1) 实数：实数含有整数和小数点，可以是在 $-3.4E+38$ 和 $3.4E+38(-3.4 \times 10^{38}$ 和 3.4×10^{38})之间的整数，小数和 0。

实数可以用科学计数法来表示，用符号 E 将尾数和指数两部分分开，指数可以是负数或正数。例如：

8.5E3	8.5×10	(表达式中的+被省略)
6.64	6.64×10^{0}	(E、0 被省略)
$-9E-5$	-9.0×10^{-5}	(小数点被省略)
-377	-377×100^{0}	(小数点、E、0 被省略)

^B 表明数据用二进制方式输入，^H 表明数据用十六进制方式输入。例如：

^B101	(十进制为 5)
^HC1	(十进制为 193)
$-$^B1000	(十进制为 -8)
$-$^H1000	(十进制为 -4096)

(2) 逻辑值：逻辑值只有两种状态：ON 和 OFF 或 TRUE 和 FALSE。

值 -1.0 被赋值给 TRUE 或 ON 状态，值 0 被赋值给 FALSE 或 OFF 状态。例如：

逻辑真 = TRUE，ON，-1.0

逻辑假 = FALSE，OFF，0.0

(3) ASCII 值：显示一个 ASCII 字符的数字值。字符用前缀(')来区分于其他值。例如：

'A　'1　'v　'%

5．字符信息

字符信息用来存放字符或字符串。AS 系统中的字符信息用" "括起来的一串 ASCII 字符来表示，括号表明开始和结束，不能作为字符串的一部分。例如："ABC"，"BCD"。

6．变量

AS 语言系统中用来存放位姿信息，数字信息和字符串信息的载体，叫变量，即内存中一片区域。变量只需在程序中新建变量名即可使用，不需要声明。变量以字母开头(小写)，由字母、数字、点和下划线组成，长度在 15 个字符之内。

(1) 变量按存放的信息分类有：

① 位姿变量：用来存放位姿信息，一共有两种类型，即变换值变量(如 p1,p2)和关节值变量(如 #p1,#p2)。

②数字变量：用来存放各种数值，一般为实数，如 i、n、a 或 x。

③ 字符串变量：用来存放字符信息，如 $name。

(2) 变量按使用范围分类有：

① 全局变量：一旦定义，它将与其数值保存在存储器中，它可以在任何程序中使用。

② 局部变量：与全局变量相比，局部变量在每次执行时都被重新定义，并且不保存在存储器中；局部变量以名字前带有一个 "." 点来表示，如 .a 为局部变量，a 为全局变量；局部变量可以在几个程序中使用相同的变量名。

注意事项：

(1) 局部变量不能用监控指令定义；

(2) 因局部变量不保存在存储器中，局部变量 .pose 的值不能用下面命令显示。

    >POINT .pose

要查看局部变量的当前值，可以在局部变量所在的程序中，将它的值赋值给一个全局变量，再用 POINT 指令查看。

    POINT a = .pose

    > POINT   a

7. 运算符

(1) 算术运算符：算术运算符用来执行普通的数学计算，常用的算术运算符如表 3-8 所示。

表 3-8　算术运算符

运算符	功能	示　　例
+	加	i = i+1，把 i 的值加上 1 赋值给 i
−	减	j = i − 1，把 i 的值减去 1 赋值给 j
*	乘	i = i×3，把 i 的值乘以 3 赋值给 i
/	除	i = i/2，把 i 的值除以 2 赋值给 i
MOD	求余数	i = i MOD 2，当 i 是 5 时，运算符计算 5÷2，将余数 1 赋值给 i
^	乘方	i = i^3，把 i 的三次方赋值给 i

(2) 关系运算符。关系运算符和 IF、WAIT 等命令一起使用，用于检验一个条件是否被满足，常用的关系运算符如表 3-9 所示。

表 3-9　关系运算符

运算符	功　　能	示例
<	当左边的值小于右边的值时为真(−1)	i < j
>	当左边的值大于右边的值时为真(−1)	i > j
<=	当左边的值小于或等于右边的值时为真(−1)	i <= j
=<	与上述相同	i =< j
>=	当左边的值大于或等于右边的值时为真(−1)	i >= j
=>	与上述相同	i => j
==	当两边的值相等时为真(−1)	i == j
<>	当两边的值不等时为真(−1)	i <> j

示例：

    IF i < j GOTO 10

当 j 大于 i 时(即 i < j 为真)，程序跳到带标签 10 的步骤处；否则程序继续执行下一步骤。

   WAIT t == 5

当 t 为 5 时(即 t == 5 为真)，程序执行下一步骤；否则程序执行被暂停直到条件被满足。

   IF i + j > 100 GOTO 20

当 i + j 大于 100 时(即 i + j > 100 为真)，程序跳到带标签 20 的步骤处，否则程序继续执行下一步骤。

   IF $a = "abc" GOTO 20

当 $a 为"abc"时(即 $a = "abc" 为真)，程序跳到带标签 20 的步骤处；否则程序继续执行下一步骤。

8．逻辑运算符

AS 系统中有两种逻辑运算符：逻辑运算符、二进制运算符。

(1) 逻辑运算符不是用来计算数值，而是用来确定一个值或表达式的真假。

① 如果数值是 0，则为假(OFF/FALSE)；

② 如果数值是非 0，则为真(ON/TRUE)。

注意：运用逻辑运算符计算时，为真时返回值为 −1，为假时返回值为 0。

逻辑运算符用在布尔运算中，常用的逻辑运算符如表 3-10 所示。

表 3-10　逻辑运算符

运算符	功　　能	示例
AND	逻辑与(Logical AND)	i AND j
OR	逻辑或(Logical OR)	i OR j
XOR	逻辑异或(Exclusive Logical AND)	i XOR j
NOT	逻辑非(Logical complement)	NOT i

示例：

  i AND j

计算 i 与 j 之间的逻辑与值。

变量 i 与 j 一般为逻辑值，也可以为实数值。

所有非 0 的实数值均为真(ON)。

i	j	结果
0	0	0(OFF 假)
0	非 0	0(OFF 假)
非 0	0	0(OFF 假)
非 0	非 0	−1(ON 真)

注：仅当两个值均为真(ON)时，结果为真(ON)。

示例：

  i OR j

计算 i 与 j 之间的逻辑或值。

i	j	结果
0	0	0(OFF 假)
0	非 0	−1(ON 真)
非 0	0	−1(ON 真)
非 0	非	−1(ON 真)

注：当两个值均为真(ON)或其中任意一个为真(ON)时，结果为真(ON)。

示例：

　　i XOR j

计算 i 与 j 之间的逻辑异或值。

i	j	结果
0	0	0(OFF 假)
0	非 0	−1(ON 真)
非 0	0	−1(ON 真)
非 0	非 0	0(OFF 假)

注：仅当两个值中的一个值为真(ON)时，结果为真(ON)。

示例：

　　NOT i

计算 i 的逻辑非值。

i	结果
0	−1(ON 真)
非 0	0(OFF 假)

在计算逻辑表达式时，值 0 被认为是假(FALSE)，所有非 0 值都被认为是真(TRUE)。因此，所有的实数和实数表达式都可以用作逻辑值。

例如，下面两个语句的意思相同，但是第二个更便于理解。

　　IF　X　GOTO　10

　　IF　X<>0　GOTO　10

(2) 二进制逻辑运算符为两个数值的每个位执行逻辑操作，常用的二进制逻辑运算符如表 3-11 所示。

表 3-11　二进制逻辑运算符

运算符	功　能	示例
BOR	二进制或(Binary OR)	i BOR j
BAND	二进制与(Binary AND)	i BAND j
BXOR	二进制异或(Binary XOR)	i BXOR j
COM	二进制非(Binary complement)	COM i

示例：

　　i BOR j

若 i = 5，j = 9，则结果为 13。

i = 5	0101
j = 9	1001
1101	13

i BAND j

若 i = 5，j = 9，则结果为 1。

i = 5	0101
j = 9	1001
0001	1

示例：

i BXOR j

若 i = 5，j = 9，则结果为 12。

i = 5	0101
j = 9	1001
1100	12

COM i

若 i = 5，则结果为 −6。

i = 5	0	0101
	1	1010	−6

9. 变换值运算符

在 AS 系统中，运算符 + 和 − 用来确定复合变换值(*XYZOAT* 值)，常用的变换值运算符如表 3-12 所示。

表 3-12　变换值运算符

运算符	功　能	示　例
+	两个变换值相加	pos.a+pos.b
−	两个变换值相减	pos.a−pos.b

注意：变换值运算操作不同于一般的加减法，互换法则不适用于变换值运算操作。

算术表达式 a + b = b + a，但"姿态 a + 姿态 b"与"姿态 b + 姿态 a"不一定相等。

变换值运算操作实例如下，示意图如图 3-28 所示。

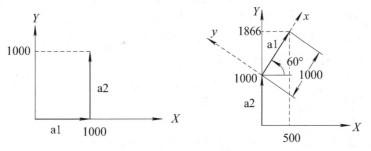

图 3-28　变换值运算示意图

a1 = (1000, 0, 0, 0, 0, 0,)
a2 = (0, 1000, 0, 60, 0, 0,)
a1 + a2 = (1000, 1000, 0, 60, 0, 0,)
a2 + a1 = (500, 1866, 0, 60, 0, 0,)

◇◇◇◇◇◇ 任务 3.5　工业机器人 AS 语言的程序命令　◇◇◇◇◇◇

【任务目标】

掌握川崎工业机器人 AS 语言的常用程序命令。

【学习内容】

川崎机器人 AS 语言指令类型共有两种：程序命令和监控指令两种类型。其中程序命令(简称命令)用于引导机器人动作或监控外部信号。监控指令(简称指令)：用于写入、编辑和执行程序。

一、运动控制命令

运动命令用于控制机器人运动的命令，一共有 17 个。具体如下：

(1) JMOVE：关节插补

以机器人各轴关节联动的方式运动到目标位姿。

例：

JMOVE #p1	；以关节插补动作，移动至 #p1 位姿(关节坐标值)
JMOVE p1	；以关节插补动作，移动至 p1 位姿(变换坐标值)

(2) LMOVE：直线插补

机器人工具中心点 TCP 沿直线运动到目标位姿。

例：

LMOVE #p1	；以直线插补动作，移动至 #p1 位姿(关节坐标值)
LMOVE p1	；以直线插补动作，移动至 p1 位姿(变换坐标值)
LMOVE p1+p2	；以直线插补动作，移动至由复合变换值 p1+p2 描述的位姿
LMOVE p1，1	；以直线插补移动至 p1 位姿处，到达位姿后，1 号夹紧闭合

(3) DELAY：暂停机器人动作

暂停机器人动作若干时间，单位为秒。注意事项：只暂停机器人运动，不包含运动指令的程序步骤不暂停，仍然继续执行。

例：

JMOVE p1	
DELAY 2	
PULSE 9，0.2	；在 2 s 停止过程中，该指令将被执行
LMOVE p2	

(4) STABLE：稳定

机器人轴一致(机器人各轴与设定目标完全一致)定位后，暂停机器人动作若干时间，单位为秒。注意事项：只暂停机器人运动，不包含运动指令的程序步骤不暂停，仍然继续执行。主要用于打破连续运动，实现精确定位。

例：

    JMOVE p1
    STABLE 2
    PULSE 9，0.2   ；在 2 s 停止过程中，该指令将被执行
    LMOVE p2

(5) JAPPRO/LAPPRO：接近

沿工具坐标系 Z 轴方向，移动机器人接近到距离示教位姿指定的距离处。区别：JAPPRO 以关节插补动作移动，LAPPRO 以直线插补动作移动。

例：

    JAPPRO p1, 100   ；以关节插补动作，沿工具坐标系定位到位姿 p1 的 Z 轴负方向 100 mm 处
    LAPRRO p2, 200   ；以直线插补动作，沿工具坐标系定位到位资 p2 的 Z 轴负方向 200 mm 处

(6) JDEPART/LDEPART：退出

沿工具坐标系 Z 轴方向，移动机器人到退出当前位姿指定距离处。区别：JDEPART 以关节插补动作移动，LDEPART 以直线插补动作移动。

例：

    JDEPART 80   ；以关节插补动作，沿工具坐标系 Z 负方向定位到远离当前位姿 80 mm 处
    LDEPART 100   ；以直线插补动作，沿工具坐标系 Z 负方向定位到远离当前位姿 100 mm 处

(7) HOME：回零

以关节插补方式回到 1 号或 2 号原点位姿。

例：

    HOME   ；以关节插补动作运动到用 SETHOME 命令设定的第 1 原点处
    HOME 2   ；以关节插补动作运动到用 SETHOME2 命令设定的第 2 原点处
    SETHOME   ；原点 1 设定命令
    SETHOME2   ；原点 2 设定命令

(8) DRIVE：单关节移动

移动机器人的单个关节。此命令只移动指定的关节。

例：

    DRIVE 3，-30，75   ；将关节 3，从当前位姿转动 –30°，速度为监控速度的 75%

(9) DRAW/TDRAW：增量移动

机器人从当前位姿，以直线插补动作，以指定的速度，沿 X、Y、Z 轴方向移动指定的距离，沿 O、A、T 轴旋转指定的旋转量。区别：DRAW 命令按基础坐标系移动机器人，TDRAW 命令按工具坐标系移动机器人。

例：

    DRAW 50，40，–30，45，–90，30   ；从当前位姿出发，以直线移动，在基础坐标
                                          ；系的 X 轴方向上移动 50 mm，Y 轴方向上移

；动 40 mm，Z 轴方向上移动 −30 mm，O 轴

；旋转 45°，A 轴旋转 −90°，T 轴旋转 30°

(10) ALIGN：对齐

让工具坐标系 Z 轴与最接近的基础坐标系某一轴平行对齐。

例：

    ALIGN   ；工具坐标系 Z 轴与最接近的基础坐标系某一轴平行对齐

(11) HMOVE：混合插补

机器人按混合运动方式运动到目标位姿：主要轴为直线插补，腕关节为关节插补。

例：

    HMOVE p1   ；混合插补定位到目标位姿 p1

(12) XMOVE：带跳转的直线插补

机器人以直线插补运动到指定的目标位姿，当指定信号条件置位时，即使未到达目标位姿，机器人也会停下来，并跳转到下一步骤。

例：

    XMOVE p1 TILL 1001   ；直线插补定位到目标位姿 p1，当输入信号 1001 置位时，停止移动，并跳转到下一步骤。

注意，允许的信号范围如下：

允许的信号范围	信号编号
输入信号	1001～1032
内部信号	2001～2960

(13) C1MOVE/C2MOVE：圆弧插补

以圆弧插补，移动工业机器人。其中 C1MOVE 后面是圆弧轨迹的中间位姿，C2MOVE 后面是圆弧轨迹的目标位姿。

例：

    JMOVE   a1   ；关节插补定位到位姿 a1

    C1MOVE   a2   ；圆弧插补定位到圆弧中点 a2

    C2MOVE   a3   ；圆弧插补定位到圆弧终点 a3

圆弧插补运动路径如图 3-29 所示。

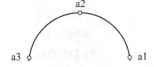

图 3-29　圆弧插补运动路径

二、常用运动辅助命令

(1) SPEED：速度

设定运动速度(程序速度)。

通常用百分比 1 至 100(%)之间的值指定。绝对速度单位可以使用：mm/s 或 mm/min 来指定，单位 s (秒)指定运动时间。如果单位被省略，则默认为百分比(%)。

例：

当监控速度为 100% 时，如下指令用于设定速度：

    SPEED 30   ；将下一条运动的速度指定为最大速度的 30%

    SPEED 100   ；将下一条运动的速度指定为最大速度的 100%

SPEED 200	；将下一条运动的速度指定为最大速度的100%(速度超100%时被看做为100%)
SPEED 20 mm/s ALWAYS	；工具坐标系原点(TCP)的速度被指定为 20 mm/s，直至它被设定为另一速度
SPEED 600 mm/min	；机器人下一条运动的速度被指定为600 mm/min
SPEED 5 s	；设定机器人下一条运动的速度，使其在5 s内到达
SPEED 100 mm/s，10 DEG/s	；指定机器人下一条运动的速度，到达目标位姿所需时间长者优先

(2) ACCURACY：精度

指定判断机器人位姿时的精度。

缺省的精度设定为1 mm，本命令设定的精度不是重复精度而是机器人的定位精度，因而不要指定1 mm 或更小的值。

例：

| ACCURACY 10 ALWAYS | ；后继所有运动命令的精度范围设定为10 mm |
| ACCURACY 10 FINE | ；取消所有精度，定位位姿必须和示教位姿完全一样(轴一致) |

注意：如果程序中未使用 ACCURACY 命令，则默认精度为1 mm。

(3) ACCEL/DECEL：加减速度

设定机器人加速度和减速度。单位为%，取值范围0.01—100。

例：

| ACCEL 80 ALWAYS | ；所有后继运动命令的加速度设定为80% |
| DECEL 50 | ；下一个运动命令的减速度设定为50% |

注意：如果程序中未使用 ACCEL/DECEL 命令，则默认加减速度为100%。

三、常用夹紧控制命令

(1) OPEN/OPENI：打开夹紧信号

OPEN：在下一运动命令开始时，打开夹紧信号。

OPENI：在当前运动命令完成时，立即打开夹紧信号。

例：

| OPEN 1 | ；当机器人开始下一运动时，打开夹紧信号1 |
| OPENI 2 | ；一旦机器人完成当前运动时，立即打开夹紧信号2 |

(2) CLOSE/CLOSEI：关闭夹紧信号

CLOSE：在下一运动命令开始时，关闭夹紧信号。

CLOSEI：在当前运动命令完成时，立即关闭夹紧信号。

例：

| CLOSE 3 | ；当机器人开始下一运动时，立即关闭夹紧信号3 |
| CLOSEI | ；一旦机器人完成当前运动时，立即关闭夹紧信号1 |

(3) RELAX/RELAXI：关断夹紧信号

把夹紧信号中的打开和闭合信号全部关断。

例：

| RELAX | ；1 号夹紧信号打开、闭合信号全部关闭 |
| RELAXI 2 | ；2 号夹紧信号打开、闭合信号全部关闭 |

❖ 课堂练习

使用所学的运动控制命令和运动辅助指令完成机器人搬运程序编制，要求从 A 点搬运到 B 点，如图 3-30 所示。

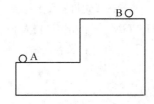

图 3-30　搬运任务示意图

参考程序：

SPEED　50	；设置机器人运行速度：50%
HOME	；机器人回零
SPEED　30 ALWAYS	；设置运行速度：始终 30%
OPENI	；夹具立即打开
JAPPRO p10, 100	；沿工具坐标系，关节插补到距离 p10 位姿的 Z 轴负方向 100 mm 处
LMOVE p10	；直线插补到 p10 点
CLOSEI	；夹具立即闭合
TWAIT 2	；程序暂停 2 s
DRAW 0, 0, 200	；沿基础坐标系 Z 轴正向平移 200 mm
LMOVE p11	；直线插补到中间位姿 p11
LAPPRO p12, 100	；直线插补到距离 p12 位姿 100 mm 处
LMOVE p12	；直线插补到目标位姿 p12
OPENI	；夹具立即打开
TWAIT 2	；程序暂停 2 s
LDEPART 200	；沿工具坐标系 Z 轴负方向直线插补定位到远离当前位姿 200 mm 处
SPEED 50	；设置运行速度：50%
HOME	；机器人回零

四、形态命令

形态命令用来改编机器人的形态，共有 6 个，具体如下：

RIGHTY	改变形态，使机器人手臂像人的右手臂。
LEFTY	改变形态，使机器人手臂像人的左手臂。
ABOVE	改变形态，使肘关节处于上部位姿。
BELOW	改变形态，使肘关节处于下部位姿
UWRIST	改变形态，使 JT5 的角度为正值。
DWRIST	改变形态，使 JT5 的角度为负值。

五、常用程序控制命令

川崎机器人的程序控制命令是一类对程序运行进行控制的命令，总共 14 个。

(1) GOTO：无条件跳转

指定要跳转至的程序标签。标签为 0 至 32 767 之间的任一整数，跳转至由标签指定的程序步骤。若指定了跳转条件，则程序在条件满足时跳转；若条件不满足，本命令继续执行此命令的下一步骤。

注意：标签和步骤编号是不同的。程序所有的步骤编号都是由系统自动分配的，标签是有目的在步骤编号后输入的。当指定条件时，此命令的功能与 IF GOTO 命令的功能相同。

例：

GOTO 100 　　　　　　　；无条件跳转到标签 100 处，若无标签 100，则出错

GOTO 200 IF n = 3　　　；当变量 n 等于 3 时，程序跳转至标签 200 处，如果不等于 3，则

　　　　　　　　　　　；执行下一步骤

(2) IF 条件 GOTO 标签：条件跳转

当给定的条件满足时，跳转到带指定标签的程序步骤处。当条件满足时，程序跳转到由标签指定的步骤。如果条件不满足，则执行此命令后的步骤。如果指定的标签不存在，则出错。

例：

IF n > 3 GOTO 100　　；如果整数变量 n 的值大于 3，程序跳转到带有标签 100 的步骤处；

　　　　　　　　　　；如果 n 不大于 3，则执行此步骤后的步骤

IF flag GOTO 25　　　；如果整数变量 flag 的值不等于 0，程序跳转至标签 25 的步骤，

　　　　　　　　　　；如果变量 flag 的值等于 0，则执行此步骤后的步骤。此命令也可

　　　　　　　　　　；写为：IF flag <> 0 G0T0 25

(3) CALL 程序名：调用子程序

暂停当前程序的执行，并跳转至一个新的程序(子程序)。当子程序执行完毕后，返回原来的程序并继续执行 CALL 命令后的程序步骤。

本命令暂停当前程序的执行，并跳转到指定子程序的第一步骤。

同一个子程序不能被机器人控制程序和 PC 程序同时调用，子程序也不能调用自己。调用子程序时的程序嵌套最多可达 20 层。

例：

CALL sub1　　　　　；跳入名为 "sub1" 的子程序，当执行到子程序 "sub1" 中的 RETURN

　　　　　　　　　　　命令时，返回原来的程序并执行 CALL 命令后的程序步骤

(4) RETURN：子程序结束

结束子程序的执行循环，并返回到主程序。一般用作子程序的结束。

例：

RETURN　　　　　　　；子程序结束

(5) WAIT：条件暂停程序

使程序执行等待，直到指定的条件得到满足。在指定的条件被满足之前，暂停程序的执行。

例：

    WAIT SIG(1001，−1003)   ；暂停程序的执行，直到外部输入信号 1001 为 ON，并且 1003

                                   ；为 OFF 继续程序执行

    WAIT TIMER(1) 10   ；暂停程序的执行，直到计时 1 的值超过 10 s

    WAIT n > 100   ；暂停程序的执行，直到变量 n 的值大于 100。假设变量 n 的

                                   ；值是由 PC 程序或程序中断来累加

(6) TWAIT：时间暂停程序

暂停程序执行，直到指定的时间流逝，以秒为单位指定暂停程序执行的时间。此命令在指定的时间内，暂停程序的执行。

执行中的 TWAIT 命令，可以用 CONTINUE NEXT 命令来跳过。

例：

    TWAIT 0.5   ；等待 0.5 秒

    TWAIT del1   ；等待到变量 del1 设置的时间流逝

(7) PAUSE：无条件暂停程序

暂时停止(暂停)程序的执行。此命令暂停程序的执行，并在终端上显示一条信息。可用 CONTINUE 命令恢复程序的执行，在检查程序时很方便，当 PAUSE 命令暂停程序时，可以检查各变量的值。

例：

PAUSE   ；程序无条件暂停

(8) HALT：结束程序

结束当前程序的执行循环，但不返回到第一步骤。

例：

HALT   ；程序结束

(8) STOP：结束程序

结束当前程序的执行循环，并返回到第一步骤。一般用作主程序的结束。

例：

STOP   ；程序结束

六、常用程序结构命令

川崎机器人的程序结构命令是一类对程序结构进行控制的命令，总共 6 种。

(1) 条件判断结构命令

    IF 逻辑表达式 THEN

      程序命令 1

    ELSE

      程序命令 2

    END

此命令根据逻辑表达式的结果执行一组程序步骤。逻辑表达式或实数表达式判断该值为"真"(非 0)或"假"(0)。

ELSE 和 END 语句必须各自独占一行。IF⋯THEN 结构必须以 END 语句结束。

例：在本例中，如果 n 大于 3，则将程序速度设定为 20%，否则设定为 50%。

```
IF n > 3 THEN
    sp =   20
ELSE
    sp =   50
END
SPEED sp ALWAYS
```

下面例子的程序首先检查变量 m 的值，如果 m 不为 0，则程序检查外部输入信号 1003，并根据信号的状态显示不同的信息。本例中，外面的 IF 结构没有 ELSE 语句。

```
IF m THEN
    IF SIG (1003) THEN
    PRINT "input signal is TRUE"
    ELSE
    PRINT "input signal is FALSE"
    END
END
```

(2) 条件循环结构命令

```
WHILE 条件 DO
    程序命令
END
```

当指定的条件为真(TRUE)时，程序命令被循环执行；如果条件为假(FALSE)，WHILE 语句中的程序命令被跳过。

例：在本例中，监视输入信号 1001 和 1002，机器人运动根据它们的状态停止。当从两个送料机来的信号中一个输入信号变成 0(送料机为空)时，机器人停止，并且程序从 END 语句之后的步骤处继续执行(本例中的步骤 27)

```
22  ⋯
23  WHILE SIG (1001，1002) DO
24      CALL part1
25      CALL part2
26  END
27   PULSE 2，1
28  ⋯
```

(3) 条件循环结构命令

```
DO
    程序命令
UNTIL 逻辑表达式
```

只要逻辑表达式为假(FALSE)，程序命令将重复执行。

该流程控制结构命令在给定的条件(逻辑表达式)为假时，执行一组程序命令。当逻辑表达式的值从假变为真时，退出 DO 结构的执行。

例：在本例中，DO 结构控制以下任务：拾取一个零件到储料器中。当储料器满时，二进制输入信号"buffer.full"变为 ON。当信号为 ON 时，机器人停止并开始另一个不同的操作。

```
13    DO
14        CALL get.part
15        CALL put.part
16    UNTIL SIG(buffer.full)
```

(4) 自主循环结构命令

FOR 循环变量 = 起始值 TO 结束值 STEP 步进值

　程序命令

END

循环变量为变量或实数值。该变量首先被设置了一个初始值，每次执行循环时加步进值，如果循环变量在首次检查时就大于结束值或小于起始值，则将不执行 FOR 和 END 之间的程序命令。

起始值：实数或表达式，指定循环变量的初始值。

结束值：实数或表达式。此值将和循环变量的当前值比较，如果循环变量的值达到了此值，则程序退出循环。

步进值：实数或表达式，可以省略。在每次循环之后将循环变量加上或减去此值。如果步进值未指定，则将默认值 1 加到循环变量上。

对于每个 FOR 语句必须有一个与之对应的 END 语句。循环变量不允许由 FOR 循环中的其他程序(操作符、表达式等)改变。

例：子程序"pick.place"拾取一个零件并放置到"hole"。零件放置方法如图 3-31 所示(托盘的放置平行于实际坐标系的 X、Y 轴，零件之间的距离为 100 mm)。

```
FOR row = 1 to max.row    放置每一行；
    POINT hole = SHIFT (start.pose BY (row−1)*100，0，0)
    FOR col = 1 to max.col
    CALL pick.place
    POINT hole = SHIFT(hole by 0，100，0) 放置每一列
    END
END
```

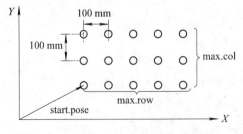

图 3-31　码垛任务示意图

(5) 情景模式选择结构命令

```
CASE  索引变量  OF
    VALUE 1: 情况值 1
    程序命令 1
    VALUE 2: 情况值 2
    程序命令 2
    VALUE 3: 情况值 3
    程序命令 3
    ANY: 剩余情况值
    程序命令 4
END
```

索引变量: 实数变量和表达式。根据此索引变量的值来决定执行哪个 CASE 结构。

程序命令: 当索引变量的值等于 VALUE 语句之后的某一个值时，执行这些程序命令。该结构使程序能从多个命令组中选择并执行选中的命令组。在一个程序中需作出多种选择时非常方便。

如果没有与索引变量匹配的值，则执行 ANY 语句之后的程序命令。如果没有 ANY 语句，则不执行 case 结构中的步骤。

ANY 语句和它的程序命令可以省略。ANY 语句只能在结构中出现一次，且必须出现在结构的底部。ANY 语句后的冒号 ":" 可以省略，输入冒号时，要在 ANY 后留一个空格，若没有空格，则 "ANY:" 将被视为一个标签。ANY 和 END 语句必须独占一行。

例: 在下面的程序中，如果实型变量 X 为负数，程序在执行显示信息后停止；如果值为正数。程序按如下三种情况执行: ① 如果值为 0 到 10 之间的偶数; ② 如果值为 1 到 9 之间的奇数; ③ 如果值是上述之外的正数。

```
IF X < 0 GOTO 10
CASE x OF
VALUE 0, 2, 4, 6, 8, 10:
PRINT "The number x is EVEN "
VALUE 1, 3, 5, 7, 9:
PRINT "The number x is ODD
PRINT "The number x is larger than 10"
END
STOP  循环结束
10 PRINT "Stopping because of negative value "
STOP  程序结束
```

(6) 情景模式选择结构命令

```
SCASE  索引变量  OF
    SVALUE 1: 字符串 1
    程序命令 1
    SVALUE 2: 字符串 2
```

程序命令 2

SVALUE 3: 字符串 2

程序命令 3

ANY: 剩余情况

程序命令 4

END

以字符串变量或表达式为索引变量的情景模式选择结构命令,其功能与 CASE 命令类似。

七、常用二进制信号命令

(1) RESET:信号复位命令,用于关断全部输出信号,一般用于初始化。

例:

RESET

(2) SIGNAL:信号开关命令,用于开关输出信号或内部信号。

如表 3-13 所示,为川崎机器人通用信号情况表。

表 3-13 川崎机器人通用信号情况表

信号类型	信号编号
输出信号	1~32
输入信号	1001~1032
内部信号	2001~2960

例:

SIGNAL 1,−2,3,2010   ;同时闭合输出 1 信号,断开输出 2 信号,闭合输出
                       ;3 信号和内部输出 2010 信号

(3) PULSE:脉冲信号输出命令,用于开启指定输出信号或内部信号若干时间。

例:

PULSE 10,0.5   ;开启输出 10 信号 0.5 秒

(4) DLYSIG:信号延时开关命令,用于延时开关输出信号或内部信号。

例:

DLYSIG 10,2   ;延时 2 秒打开输出 10 信号

DLYSIG −10,2   ;延时 2 秒关闭输出 10 信号

(5) SWAIT:信号等待暂停程序命令,等待信号条件满足,否则暂停程序。

例:

SWAIT 1001,1002   ;程序暂停,直到输入 1001 和 1002 信号都是高电平

八、常用信息控制命令

PRINT:信息显示

信息显示命令,用于在终端显示信息。

例：

    PRINT　1："大家好"　　　；在 KRterm 终端显示文字"大家好"

    PRINT　2："大家好"　　　；在示教器终端显示文字"大家好"

九、常用位姿信息命令

(1)　HERE：将当前位姿值赋值给相应变量

    例：

    HERE #p10　　　；定义当前位姿为 #p10(关节值)

    HERE p10　　　；定义当前位姿为 p10(变换值)

(2)　POINT：定义位姿

    例：

    POINT p1=100,50,30，-45,0,60　　　；定义位姿 p1 坐标值(变换坐标值)

    POINT #p2=100,50,30，-45,0,60　　　；定义位姿 p2 坐标值(关节坐标值)

    POINT p1=p2　　　；定义位姿 p1 坐标值等于 p2 坐标值

    POINT p1=SHIFT(p1 BY 100,0,0)　　　；定义位姿 p1 坐标值相对自己 X 轴偏移 100mm

十、常用程序和信息控制命令

DELETE：删除

删除机器人存储器中指定的程序、变量等数据。

    例：

    DELETE　程序名　　　；删除程序

    DELETE/L　变量名　　　；删除变量

◇◇◇◇◇◇◇ 任务 3.6　工业机器人 AS 语言示教　◇◇◇◇◇◇◇

【任务目标】

掌握川崎工业机器人 AS 语言示教概念和步骤。

【学习内容】

一、AS 语言示教概述

AS 语言示教是利用专门的 AS 语言来编辑机器人程序，简称 AS 示教，也称为 AS 编程。

二、AS 语言示教步骤

在示教器上编程进行 AS 语言示教步骤：

(1) 开机，开马达，开运行；

(2) 选择"示教"模式；

(3) 新建程序；

(4) 按"I"键，显示程序编辑模式菜单，选择 AS 语言示教画面，如图 3-32 所示；

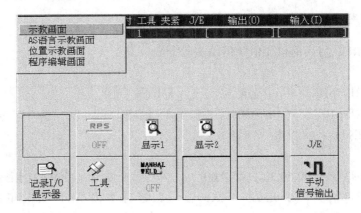

图 3-32　AS 语言示教画面

在弹出的 AS 语言示教画面中，按顺序输入机器人控制程序，如图 3-33、图 3-34 和图 3-35 所示；

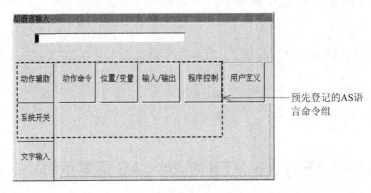

图 3-33　AS 语言示教画面

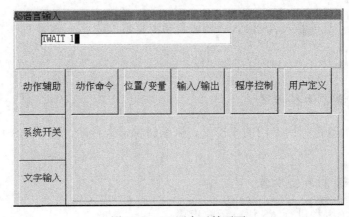

图 3-34　AS 语言示教画面

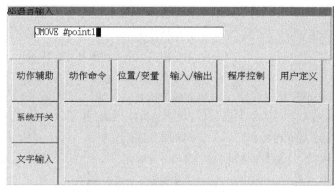

图 3-35　AS 语言示教画面

(5) 完成输入后，选择带位姿变量的步骤，定位到目标位姿 1，按 "A 键" + "位置修正键"，给位姿变量赋值，以此类推完成编程；

(6) 示教模式，验证程序：半握握杠，按 "检查前进" 键；

(7) 再现模式，自动运行程序：马达开，运行开，循环开，自动运行刚才的程序。

三、AS 程序修改方法和步骤

1. 在 AS 示教语言画面修改程序方法和步骤

(1) 删除步骤；

(2) 光标移动到上一步骤，按 "I" 键进入 AS 语言示教画面，重新输入新步骤。

2. 在程序编辑画面修改程序

(1) 找到需要修改的程序名，按 "回车" 键，打开。

(2) 找到需要修改的步骤，按 "回车" 键，打开。

(3) 修改相应程序，修改完成后，按 "回车" 键。

(4) 按 "R" 键，并保存，退出。

四、课堂练习

在机器人示教器中练习 AS 语言示教。

SPEED　50	；设置运行速度：50%
HOME	；机器人回零
SPEED　30 ALWAYS	；设置运行速度：始终 30%
JAPPRO p10，50	；沿工具坐标系，关节插补定位到 p10 位姿 Z 轴负方向 50 mm 处
OPENI	；1 号夹紧信号立即打开
LMOVE p10	；直线插补到 p10 位姿
IF SIG(9，-10) THEN	；判断夹具是否打开
PRINT 2："夹具未打开"	；显示中文字符
PAUSE	；程序始终暂停
ELSE	；否则
CLOSEI	；1 号夹紧信号立即关闭

END	；条件选择结束
TWAIT 2.5	；程序暂停 2.5 s
DRAW 0，0，50	；沿基础坐标系 Z 轴正向平移 50 mm
LAPPRO p11，50	；沿工具坐标系，直线插补定位到 p11 位姿 Z 轴负方向 50 mm 处
LMOVE p11	；直线插补到 p11 位姿
bq1: OPENI	；1 号夹紧信号立即打开
IF SIG(9，-10) THEN	；判断夹具是否打开
PRINT 2："夹具未打开"	；显示中文字符
GOTO bq1	；跳转到标签 1
ELSE	；否则
GOTO bq2	；跳转到标签 2
END	；条件选择结束
bq2:TWAIT 2.5	；程序暂停 2.5 s
CALL sub1	；调用子程序 sub1
SPEED 50	；设置运行速度：50%
HOME	；机器人回零

◇◇◇◇◇◇ 任务 3.7　工业机器人 AS 语言在线示教 　◇◇◇◇◇◇

【任务目标】

掌握川崎工业机器人 AS 语言在线示教概念和步骤。

【学习内容】

一、在线编程概述

(1) 在线编程：在与机器人完成连接的个人电脑上编程。

(2) 在线编程工具软件：使用 KRterm 或 KCwin32/KCwinTCP 终端软件编程。两款软件安装的环境要求如表 3-14 所示。

表 3-14　在线编程软件安装环境

工具软件类型	安装环境要求
KRterm	Microsoft Windows XP/Vista/7 及以上
KCwin32/KCwinTCP	Microsoft Windows95/98/2000

举例：KRterm 软件安装后之后，电脑桌面图标为 。打开 KRterm 软件，显示界面如图 3-36 所示。

图 3-36 KRterm 软件显示界面

(3) KRterm 软件与电脑连接方法步骤如图 3-37 所示。

① 设置本机 IP 地址：192.168.0.**；

② 设置 KRterm 软件连接：192.168.0.2　端口 23。

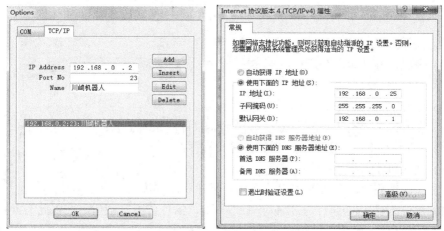

图 3-37 KRterm 软件显示界面

(4) 软件连接机器人方法：点击连接机器人 ⚡ 工具按钮，然后在显示界面 login：中输入 as，完成连接机器人。

二、常用监控指令和编辑指令

(1) 监控指令：用于对机器人程序进行写入、编辑和执行的指令。一般在键盘画面或在 KRterm 软件在线编程下使用指令。

(2) Edit 编辑指令：用于对机器人 AS 程序进行编辑，主要指令如下：

ED 程序名	；新建程序或打开已有程序
C	；结束当前程序的编辑，切换到另一个程序(C:Change，更改)
S	；选择要显示程序步骤(S:Step，步骤)
P	；显示指定数量的程序步骤(P:Print，打印)
L	；选择前一步骤(L:Last，最后一行)
I	；插入一个新的步骤(I:Insert，插入)
D	；删除程序步骤(D:Delete，删除)
F	；搜索字符(F:Find，查找)
M	；替换字符(M:Modify，修改)
R	；替换字符(R:Replace，替换)
O	；将光标放在当前步骤上(O:Oneline，一行)
E	；退出编辑模式(E:Exit，退出)
XD	；剪切选中的一个或多个步骤，并保存在剪贴板上
XY	；复制选中的一个或多个步骤，并保存在剪贴板上
XP	；粘贴剪贴板的内容
XQ	；以相反的顺序粘贴贴板的内容(反向粘贴)
XS	；显示粘贴板的内容

要求熟记：ED、S、P、I、D、O、E。

三、AS 语言在线编程步骤 (在个人电脑上编程)

在线示教一般步骤：
(1) 开机，开马达，开运行；
(2) 选择"示教"模式；
(3) 打开 KRterm 软件，连接机器人；
(4) 在 login：提示后面输入默认登录名 as，即登录机器人；
(5) ED 程序名——新建程序或调出已有程序；
(6) 输入机器人程序；
(7) 完成编程后，输入 E 退出编辑，并断开软件连接；
(8) 定位到目标位姿 1，按"位置修正"键，给位姿变量赋值，并以此类推完成示教。
(9) 示教模式，验证程序：握杠开，按"检查前进"键；
(10) 再现模式，自动运行程序：马达开，循环开，运行开，自动运行刚才的程序。

四、课堂练习

使用在线编程的方法和步骤，录入如下程序。

```
SPEED    50
HOME
SPEED    30 ALWAYS
SWAIT 1001
```

```
JAPPRO p100，200
OPENI
LMOVE p100
CLOSEI
TWAIT   1
DRAW   0，0，100
LDEPART 100
JMOVE p101
LMOVE p102
LMOVE p103
PULSE 1，0.5
SWAIT 1002
OPENI
TWAIT   1
LMOVE p102
LMOVE p101
SPEED 50
HOME
PULSE 4，0.5
SWAIT 1003
JMOVE p101
LMOVE p102
CLOSEI
PULSE 2，0.5
TWAIT   5
LMOVE p102
LMOVE p101
LMOVE p105
OPENI
TWAIT   1
SPEED 50
HOME
```

◇◇◇◇◇◇ 习　　题 ◇◇◇◇◇◇

1. AS 语言指令类型有哪两种类型？
2. AS 语言的信息类型有哪些？
3. AS 语言的变量类型有哪些？
4. 一般 AS 语言程序的组成？

5. 请简述 AS 语言示教步骤。

6. 请简述 AS 语言在线示教步骤。

7. 请举例说明常用运动命令。

8. 请举例说明常用运动辅助命令。

9. 请举例说明常用夹紧控制命令。

10. 请举例说明常用程序控制和程序结构命令。

11. 请举例说明常用二进制信号命令。

模块四　川崎工业机器人实训

【模块目标】

掌握川崎工业机器人开关机、轴移动、夹具开关、精确定位等基本操作。训练综合命令示教和 AS 语言示教，最终熟练掌握川崎工业机器人的编程、操作与调试技能。

【实训注意事项】

1. 安全教育

(1) 安全第一，注意人身和设备安全。

人身安全：注意防止触电事故，避免发生被机器人及导轨撞击事故。

设备安全：避免碰撞机器人，注意 PLC、伺服驱动器、传感器等电气元件安全。

(2) 为保证安全，实训时应独立操作，并安排安全观察员，制定事故处理预案。

2. 纪律要求

(1) 做到不迟到、不早退、不旷课。

(2) 全身着装工作服，佩戴工作帽。

(3) 严格遵守实训室各项规章制度，服从训练老师安排。

3. 素养教育

(1) 勤学苦练，达到熟练

技能分为初级技能和技巧性技能，还可以分为动作技能和智力技能。机器人操作技能属于智力与动作技能结合，要求达到技巧性技能的阶段，所以要求每位同学达到一定的熟练程度。

(2) 理论先行，实践在后

工业机器人的操作理论性是很强的一种技能，如果没有理论做铺垫，实训无法进行，所以要求熟练掌握理论知识。

(3) 培养良好的职业素养

培养学生的纪律意识、责任意识、团队意识；培养学生自觉遵守操作规范，吃苦耐劳的精神，养成良好的职业道德和职业素养；培养学生严谨、认真的工作作风和独立思考的工作习惯。

【实训设备】

川崎 RS10N 工业机器人、E74F 控制器。

【任务目标】

独立完成川崎工业机器人的基本操作。

【实训内容】

完成川崎工业机器人开机、停机、关机、手动运动各轴、夹具开关和回零6项基本操作训练。

一、学习基本操作方法和步骤

1. 开机训练

开机操作步骤：

(1) 确认所有人离开工作区域，且安全防护得当。

(2) 按下"急停开关"。

(3) 打开控制器电源。

(4) 开机后解除急停，然后马达开，运行开。

2. 停机训练

停机操作步骤：

(1) 示教模式：松开握杆触发开关，再按"暂停"键。

(2) 再现模式：按"暂停"键。

(3) 紧急情况：按"急停开关"。

3. 关机训练

关机操作步骤：

(1) 先按"暂停"键，停止机器人运行。

(2) 再按"急停开关"，关闭机器人马达。

(3) 关闭控制器电源。

4. 手动运动各轴训练

手动运动各轴操作步骤：

(1) 选择示教模式，马达开和运行开。

(2) 选择基础坐标系，手动速度选3挡。

(3) 半握握杆触发开关，按各轴"轴键"运动机器人。

(4) 练习完，机器人应回零。

(5) 按照上述步骤，依次练习关节坐标系和工具坐标系。

5. 夹具开关训练

夹具开关操作步骤：

(1) 选择示教模式。

(2) 按"A"键和"夹紧1"键，控制1号夹具开关。

(3) 选择示教器显示区——C区，选择9和10输出信号。

(4) 按键盘开关键，打开和关闭9和10信号，观察1号夹具开关情况。

6. 机器人回零训练

选择再现模式，点击触摸屏B区，选择"键盘"，输入"do home"，按回车键。

二、学生实训

把班级学生分成若干组，依次独立训练上述基本操作。

三、过程考核

学生独立考核，考核时，任意抽查6个基本操作若干项，通过计时考查操作熟练程度，酌情评分。

◇◇◇◇◇◇ 任务4.2 工业机器人精确定位实训 ◇◇◇◇◇◇

【任务目标】

能独立操作川崎工业机器人实现精确定位。

【实训内容】

操作川崎工业机器人精确定位到指定位置，并通过过程考核。

一、精确定位练习

任务要求：操作机器人，控制机器人工具头绑定的测量规尺，精确穿过指定的孔。定位训练道具和测量规尺如图4-1和图4-2所示。

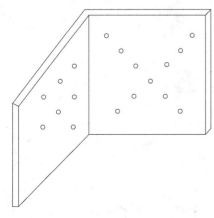

图4-1 定位训练道具示意图

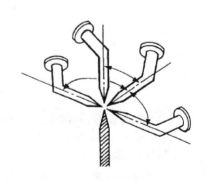

图4-2 测量规尺示意图

操作步骤：

(1) 选择示教模式，开马达，开运行，选择基础坐标系。

(2) 半握握杆触发开关，按各轴"轴键"运动机器人，选择合理的手动速度快速定位到道具指定孔附近，调节机器人的姿态，慢慢让划针穿过孔。

(3) 练习完毕，退出机器人，并回零。

二、学生实训

把班级学生分成若干组，依次独立训练上述基本操作。

三、过程考核

学生分组考核，考核时，每台机器人安排裁判员及安全员一人，测试学生完成穿孔任务所消耗的时间，根据完成时间快慢评定考核成绩。

任务4.3 工业机器人综合命令示教实训

【任务目标】

独立完成川崎工业机器人综合命令示教。

【实训内容】

采用综合命令示教完成如图4-3所示的控制要求：控制机器人从零点快速定位到A点，并夹紧夹具，直线插补到B，圆弧插补到C、D点，并在D处松开夹具。

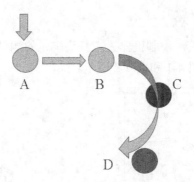

图4-3　机器人定位轨迹图

一、学习综合命令示教方法和步骤

1. 综合命令示教

使用川崎工业机器人综合命令来编辑机器人操作程序，也称为一体化示教。综合命令程序示例如图4-4所示。

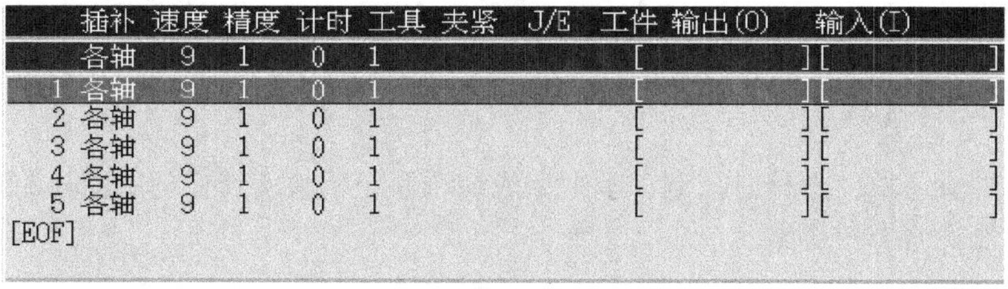

图 4-4　综合命令程序示例

2. 综合命令示教步骤

(1) 机器人开机，开马达，开运行。

(2) 选择"示教"模式。

(3) 新建程序：按"A"键＋"程序"键，选择"列表"，再选择"文字输入"，输入程序名，最后按"回车"键。

(4) 设置插补、速度、精度、计时、工具、夹紧等命令。

(5) 定位到目标点 1，按"记录"。

(6) 定位到目标点 2，按"记录"，以此类推完成编程。

(7) 示教模式，验证程序：握杆开，按"检查前进"键。

(8) 再现模式，自动运行程序：马达开，运行开，循环开，自动运行刚才的程序。

二、学生实训

1. 操作步骤

把班级学生分成若干组，依次在机器人示教器上完成综合命令示教。参考示例程序如表 4-1 所示。

表 4-1　参考示例程序 1

程　序						注　释
插补	速度	精度	计时	工具	夹紧	
各轴	9	1	0	1	1	关节插补定位，定位后 1 号夹具开
直线	9	1	0	1	1	直线插补定位，1 号夹具保持开
圆弧 1	9	2	0	1	1	圆弧插补到中间位姿，1 号夹具保持开
圆弧 2	9	2	0	1		圆弧插补到目标位姿，1 号夹具关

2. 操作注意事项

(1) 独立操作。

(2) 严格按照步骤操作；

(3) 示教时，可以按"A"键＋"删除"键，删除当前步骤。

(4) 示教时，可以按"A"键＋"插入"键，在当前步骤之前插入新步骤。

(5) 如果需要修改位姿数据，可以按"A"键＋"位置修正"键。

(6) 如果需要修改辅助数据，可以按"A"键＋"辅助修正"键。

(7) 按"A"键＋"覆盖"键，可以同时修改位姿数据和辅助数据。

三、过程考核

学生独立考核，考核时，测试学生完成综合命令示教实训任务所消耗的时间，根据完成时间快慢评定考核成绩。

◇◇◇◇◇◇ 任务 4.4　工业机器人 AS 语言示教实训(一)　◇◇◇◇◇◇

【任务目标】

独立进行 AS 语言示教，完成机器人搬运任务。

【实训内容】

采用 AS 语言示教，完成如图 4-5 所示的搬运任务：控制机器人从零点出发，精确定位到 A 点夹取工件，搬运到 B 点，并回零。

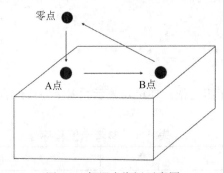

图 4-5　机器人搬运示意图

一、学习 AS 语言示教方法和步骤

1. AS 语言示教概念
利用专门的 AS 语言来编辑机器人程序。

2. AS 语言指令类型
AS 语言有程序命令和监控指令两种类型。

程序命令：用来引导机器人动作或监控外部信号(程序是程序命令的集合)。

监控指令：用来写入、编辑和执行程序。

3. AS 语言示教方法
(1) 示教器示教。

(2) 在线示教。

使用 KRterm 或 KCwin32/KCwinTCP 终端软件示教。

4. AS 语言示教步骤(在示教器上编程)

(1) 开机，开马达，开运行。

(2) 选择"示教"模式。

(3) 新建程序。

(4) 按"I"键，显示程序编辑模式菜单，如图 4-6 所示选择 AS 语言示教画面，在弹出的 AS 语言示教画面中，按顺序输入机器人控制程序。

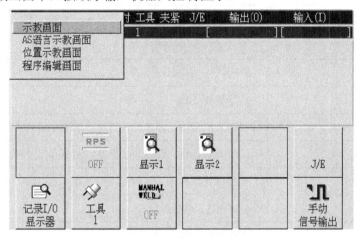

图 4-6 AS 语言示教画面

(5) 完成输入后，选择带位姿变量的步骤，定位到目标位姿 1，按"A"键＋"位置修正"键，给位姿变量赋值。以此类推完成编程。

(6) 示教模式，验证程序：半握握杆，按"检查前进"键。

(7) 再现模式，自动运行程序：马达开，运行开，循环开，自动运行刚才的程序。

5. 修改程序方法和步骤

(1) 在 AS 示教画面修改程序方法和步骤：

① 删除步骤。

② 光标移动到上一步骤，按"I"键进入 AS 示教画面，重新输入新步骤。

(2) 在程序编辑画面修改程序：

① 找到需要修改的程序名，按"回车"键，打开。

② 找到需要修改的步骤，按"回车"键，打开。

③ 修改相应程序，修改完按"回车"键。

④ 按"R"键，保存，退出。

二、学生实训

(1) 学生根据实训任务的控制要求，编写机器人 AS 语言程序。参考示例程序如表 4-2 所示。

表 4-2　参考示例程序 2

程　序	注　释
SPEED　50	设置速度为 50%，下一个运动步骤单次有效
HOME	机器人回零
SPEED　30 ALWAYS	设置速度为 30%，始终有效
OPENI	1 号夹具立即打开
JAPPRO p1, 100	沿工具坐标系，关节插补接近到 p1 位姿 Z 轴负方向 100 mm 处
LMOVE p1	直线插补到 p1 位姿
CLOSEI	1 号夹具立即关闭
TWAIT 2	程序暂停 2 秒
DRAW 0, 0, 100	机器人沿基础坐标 Z 轴正方向移动 100 mm
LAPPRO p2,100	沿工具坐标系，直线插补接近到 p2 位姿 Z 轴负方向 100 mm 处
LMOVE p2	直线插补到目标 p2 位姿
OPENI	1 号夹具立即打开
TWAIT 2	程序暂停 2 秒
LDEPART 100	以直线插补，沿工具坐标系 Z 轴负方向退出到远离当前位姿 100 mm 处
SPEED 50	设置速度为 50%，下一个运动步骤单次有效
HOME	机器人回零

(2) 把班级学生分成若干组，依次在机器人示教器上完成 AS 语言示教。先输入程序，再找点示教。

三、过程考核

学生独立考核，考核时，测试学生完成 AS 语言示教实训任务所消耗的时间，根据完成时间快慢以及操作熟练度评定考核成绩。

◇◇◇◇◇◇　任务 4.5　工业机器人 AS 语言示教实训(二)　◇◇◇◇◇◇

【任务目标】

进行 AS 语言示教，完成机器人码垛任务。

【实训内容】

如图 4-7 所示，完成机器人 AS 语言示教，控制机器人从送料器 p10 处，不断取料，然后码垛到 3 行 × 4 列的水平平台上，码垛位置如图所示，其中第一点位姿为 p11，试利用 for 循环编程。

任务分解：

(1) 先易后难，先码垛一行 4 列；

(2) 码垛 3 行 4 列。注：如果没有送料器，可采用人工送料。

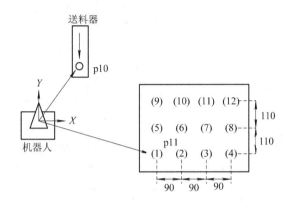

图 4-7　机器人码垛工作示意图

一、编程训练

学生根据实训任务控制要求编写机器人 AS 语言程序。

分解任务(1)，只码垛一行 4 列的参考示例程序如表 4-3 所示：

表 4-3　参考示例程序 3

程　　序	注　　释
lie = 4	定义数字变量，列数为 4
ljianju = 90	定义数字变量，列间距为 90
SPEED 50	设置速度为 50%，单次有效
HOME	机器人回零
SPEED 30 ALWAYS	设置速度为 30%，始终有效
FOR n = 1 to lie	定义循环变量及条件
JAPPRO p10, 100	沿工具坐标系，关节插补接近到 p10 位姿 Z 轴负方向 100 mm 处
OPENI	1 号夹具立即打开
LMOVE p10	直线插补到目标 p10 位姿
CLOSEI	1 号夹具立即关闭
TWAIT 1	程序暂停 1 秒

程　序	注　释
LDEPART 100	以直线插补，沿工具坐标系 Z 轴负方向退出到远离当前位姿 100 mm 处
JAPPRO p11, 100	沿工具坐标系，关节插补接近到 p11 位姿 Z 轴负方向 100 mm 处
LMOVE p11	直线插补到目标 p11 位姿
OPENI	1 号夹具立即打开
TWAIT 1	程序暂停 1 秒
LDEPART 100	以直线插补，沿工具坐标系 Z 轴负方向退出到远离当前位姿 100 mm 处
POINT p11 = SHIFT(p11 BY ljianju, 0, 0)	p11 位姿 X 轴坐标增加 90 mm
END	自主循环结构结束
POINT p11 = SHIFT(p11 BY -lie* ljianju , 0, 0)	p11 位姿 X 轴坐标减少 4×90 mm
SPEED 50	设置速度为 50%，单次有效
HOME	机器人回零

分解任务(2)，只码垛 3 行 4 列的参考示例程序如表 4-4 所示：

表 4-4　参考示例程序 4

程　序	注　释
lie = 4	定义数字变量，列数为 4
hang = 3	定义数字变量，行数为 3
ljianju = 90	定义数字变量，列间距为 90
hjianju = 110	定义数字变量，行间距为 110
SPEED 50	设置速度为 50%，单次有效
HOME	机器人回零
SPEED 30 ALWAYS	设置速度为 30%，始终有效
FOR i = 1 to hang	定义循环变量 i 及条件
FOR n = 1 to lie	定义循环变量 n 及条件
JAPPRO p10, 100	沿工具坐标系，关节插补接近到 p10 位姿 Z 轴负方向 100 mm 处
OPENI	1 号夹具立即打开
LMOVE p10	直线插补到目标 p10 位姿
CLOSEI	1 号夹具立即关闭
TWAIT 1	程序暂停 1 秒

程　序	注　释
LDEPART 100	以直线插补，沿工具坐标系 Z 轴负方向退出到远离当前位姿 100 mm 处
JAPPRO p11, 100	沿工具坐标系，关节插补接近到 p11 位姿 Z 轴负方向 100 mm 处
LMOVE p11	直线插补到目标 p11 位姿
OPENI	1 号夹具立即打开
TWAIT 1	程序暂停 1 秒
LDEPART 100	以直线插补，沿工具坐标系 Z 轴负方向退出到远离当前位姿 100 mm 处
POINT p11 = SHIFT(p11 BY ljianju, 0, 0)	p11 位姿 X 轴坐标增加 90 mm
END	自主循环结构结束
POINT p11 = SHIFT(p11 BY -lie*ljianju, hjianju, 0)	p11 位姿 X 轴坐标减少 4 × 90 mm，Y 轴坐标增加 110 mm
END	自主循环结构结束
POINT p11 = SHIFT(p11 BY 0, -hang*hjianju, 0)	p11 位姿 Y 轴坐标增加 3 × 110 mm
SPEED 50	设置速度为 50%，单次有效
HOME	机器人回零

二、学生实训

把班级学生分成若干组，2 人一个团队，协作完成 AS 语言示教。先输入程序，再找点示教，最后运行机器人程序。

三、过程考核

学生 2 人一组考核，考核时，测试学生完成 AS 语言示教实训任务所消耗的时间，根据完成时间快慢以及操作熟练度评定考核成绩。

◇◇◇◇◇◇ 任务 4.6　工业机器人 AS 语言示教实训(三) ◇◇◇◇◇◇

【任务目标】

进行 AS 语言示教，完成机器人堆垛任务。

【实训内容】

如图 4-8 所示，完成机器人 AS 语言示教，控制机器人从送料器 p20 位姿处不断取料，然后在 p21 位姿处完成 3 层堆垛。工件尺寸：直径 50 mm，高 35 mm 圆柱体。

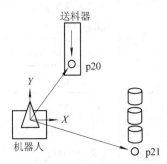

图 4-8　机器人堆垛工作示意图

注：如果没有送料器，可采用人工送料。

一、编程训练

学生根据实训任务控制要求编写机器人 AS 语言程序。

码垛 3 层的参考示例程序如表 4-5 所示。

表 4-5　参考示例程序 5

程　序	注　释
ceng = 3	定义数字变量，层数为 3
gao = 35	定义数字变量，高度为 35
SPEED 50	设置速度为 50%，单次有效
HOME	机器人回零
SPEED 30 ALWAYS	设置速度为 30%，始终有效
FOR n = 1 to ceng	定义循环变量 n 及条件
JAPPRO p20, 100	沿工具坐标系，关节插补接近到 p20 位姿 Z 轴负方向 100 mm 处
OPENI	1 号夹具立即打开
LMOVE p20	直线插补到目标 p20 位姿
CLOSEI	1 号夹具立即关闭
TWAIT 1	程序暂停 1 秒
LDEPART 100	以直线插补，沿工具坐标系 Z 轴负方向退出到远离当前位姿 100 mm 处
JAPPRO p21, 100	沿工具坐标系，关节插补接近到 p21 位姿 Z 轴负方向 100 mm 处
LMOVE p21	直线插补到目标 p21 位姿

程　序	注　释
OPENI	1 号夹具立即打开
TWAIT 1	程序暂停 1 秒
LDEPART 100	以直线插补，沿工具坐标系 Z 轴负方向退出到远离当前位姿 100 mm 处
POINT p21 = SHIFT(p21 BY 0, 0, gao)	P21 位姿 Z 轴坐标增加 35 mm
END	自主循环结构结束
POINT p21 = SHIFT(p21 BY 0, 0, -ceng*gao)	P21 位姿 Z 轴坐标减少 3×35 mm
SPEED 50	设置速度为 50%，单次有效
HOME	机器人回零

二、学生实训

把班级学生分成若干组，2 人一个团队，协作完成 AS 语言示教。先输入程序，再找点示教，最后运行机器人程序。

三、过程考核

学生 2 人一组考核，考核时，测试学生完成 AS 语言示教实训任务所消耗的时间，根据完成时间快慢以及操作熟练度评定考核成绩。

◇◇◇◇◇◇ 任务 4.7　工业机器人 AS 语言在线示教实训(一) ◇◇◇◇◇◇

【任务目标】

使用在线编程工具软件 KRterm 进行 AS 语言在线示教，并完成机器人程序在线输入实训。

【实训内容】

学习在线示教方法和步骤，使用在线示教工具软件 KRterm 完成一个复杂机器人程序的输入。

一、在线编程终端软件安装和连接

1. 终端软件安装

根据计算机安装的操作系统选择并安装适用的在线编程终端软件，如表 4-6 所示。

表 4-6　终端软件适合安装的操作系统表

终端软件类型	适合安装的操作系统
KRterm	Microsoft Windows XP/Vista/7/10 等
KCwin32 和 KCwinTCP	Microsoft Windows 95/98/NT/2000/XP 等

2. KRterm 终端软件与机器人连接

建议选择以太网通信方式与机器人连接，其连接方法和步骤如下：

(1) 设置 PC 机 IP 地址：192.168.0.**，如图 4-9 所示。

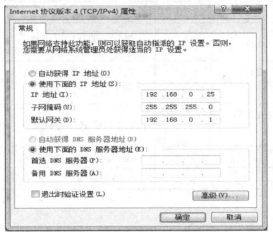

图 4-9　PC 机 IP 地址设置图

(2) 在 KRterm 终端软件的通信连接属性中，设置机器人 IP 地址为 192.168.0.2，端口为 23，如图 4-10 所示。

图 4-10　KRterm 终端软件通信连接设置

二、复习在线示教步骤

在线示教一般步骤：

(1) 开机，马达开，运行开。

(2) 选择"示教"模式。

(3) 打开 KRterm 软件，连接机器人。

(4) 在 login：提示后面输入默认登录名 as——登录机器人。

(5) ed 程序名——新建程序或调出已有程序。

(6) 输入机器人程序。

(7) 完成编程后，输入 E 退出编辑，并断开软件连接。

(8) 定位到目标位姿 1，按"位置修正"键，给位姿变量赋值，以此类推完成示教。

(9) 示教模式，验证程序：握杆开，按"检查前进"键。

(10) 再现模式，自动运行程序：马达开，循环开，运行开，自动运行刚才的程序。

三、学生实训

把班级学生分成四组，使用在线示教的方法和步骤，录入如下程序：

```
SPEED 50
HOME
WHILE SIG(-123) DO
    PRINT 2: "机器人不在原点位置"
    PAUSE
END
IF SIG(-1010) THEN
    PRINT 2: "夹具未就绪"
    PAUSE
END
IF BITS(1016, 4)<>0 THEN
    PRINT 2: "夹抓上有夹具"
    PAUSE
ELSE
    PULSE 9, 0.2
    PULSE 12, 0.2
END
SPEED   60
JAPPRO p600 30
SPEED 30
LMOVE p600
TWAIT 1.2
PULSE 10, 0.2
TWAIT 1.2
SPEED 30
LDEPART 20
SPEED 30
DRAW 0, 100, 0
SPEED 50
JMOVE p601
SPEED 60
```

```
HOME
SWAIT 123
IF SIG(-1016) THEN
PRINT 2: "1 号夹具未安装到位"
PAUSE
END
PULSE 11, 0.2
SPEED 50
JAPPRO p602, 50
SPEED 10
LMOVE p602
TWAIT 1.2
PULSE 12, 0.2
TWAIT 1.2
SPEED 20
LDEPART 50
SPEED 50
JAPPRO p603, 50
SPEED 10
LMOVE p603
TWAIT 1.2
PULSE 11, 0.2
TWAIT 1.2
SPEED 20
JDEPART 50
SPEED 60
HOME
SWAIT 123
IF SIG(1010) THEN
    PRINT 2: "夹具库不为空"
    PAUSE
END
IF SIG(-1016) THEN
PRINT 2: "1 号夹具未安装到位"
PAUSE
ELSE
PULSE 12, 0.2
END
SPEED 60
```

```
JMOVE p604
SPEED 60
JMOVE p605
SPEED 30
LAPPRO p600, 20
SPEED 10
LMOVE p600
TWAIT 1.2
PULSE 9, 0.2
TWAIT 1.2
SPEED 30
LDEPART 30
SPEED 50
HOME
SWAIT 123
IF SIG(-1010) THEN
PRINT 2: "1 号夹具未放到位"
PAUSE
END
```

注意事项：

(1) 录入命令和变量时，可以全部用小写字母，系统会自动区分大小写；

(2) 所有标点符号必须是半角。

四、过程考核

学生 2 人一组考核，考核时，测试学生完成在线示教输入程序消耗的时间，根据完成时间快慢以及操作熟练度评定考核成绩。

◇◇◇◇◇◇ 任务4.8　工业机器人AS语言在线示教实训(二) ◇◇◇◇◇◇

【任务目标】

进行 AS 语言示教，完成机器人与 PLC 对接任务。

【实训内容】

以天津龙洲 RB0105 柔性制造实训台为载体，试编写 8 号站的 PLC 程序和机器人程序，完成如下控制任务：机器人再运行 AS 语言程序，先回零，然后程序暂停，信号等待。

(1) 当按下 8 号站"启动"按钮，机器人自动定位到 p30 位姿。

(2) 当按下 8 号站"停止"按钮，机器人自定定位到 p31 位姿。

(3) 当按下 8 号站"复位"按钮，机器人自动回零。

RB0105 柔性制造实训台 8 号站的 PLC I/O 地址分配表如表 4-7 所示。

表4-7　实训台 8 号站的 PLC I/O 地址分配表

序号	名　称	输入	备　注
1	机器人输出对接信号 1	I0.0	接输出 1
2	机器人输出对接信号 2	I0.1	接输出 2
3	机器人回到第一原点	I0.2	在零点置位
4	机器人输出对接信号 3	I0.3	接输出 4
5	机器人输出对接信号 4	I0.4	接输出 5
6	行走机构伺服就绪	I0.5	
7	备用	I0.6	
8	备用	I0.7	
9	行走机构原点	I1.0	接触为 ON
10	启动按钮	I1.1	
11	停止按钮	I1.2	
12	复位按钮	I1.3	
13	急停按钮	I1.4	
14	手自动旋钮	I1.5	
序号	名　称	输出	备　注
1	行走脉冲	Q0.0	发脉冲
2	行走方向	Q0.1	ON—回零方向
3	机器人马达开	Q0.2	必须置位
4	急停输出	Q0.3	必须置位
5	机器人暂停	Q0.4	必须置位
6	机器人输入对接信号 1	Q0.5	接输入 1001
7	机器人输入对接信号 2	Q0.6	接输入 1002
8	机器人输入对接信号 3	Q0.7	接输入 1003
9	伺服使能	Q1.0	必须置位

一、编写 8 号站 PLC 程序

基于工作任务分析，8 号站主要控制要求有两项：第一是给机器人和伺服驱动器发送使能信号；第二是通过按钮盒向机器人发送控制指令。其 PLC 程序相对简单，参考示例程序如图 4-11 所示。

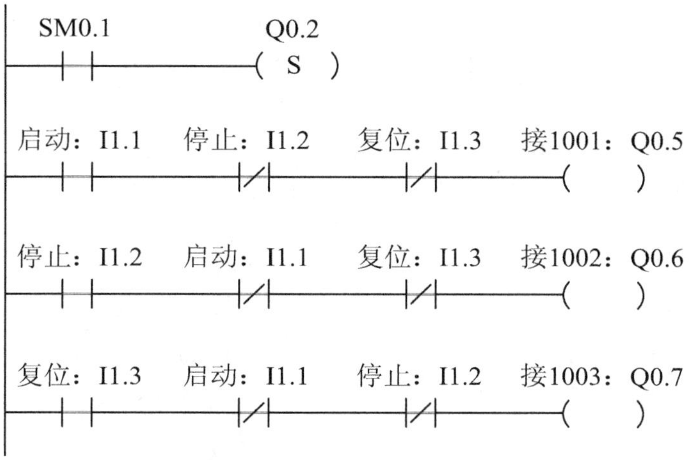

图 4-11　PLC 参考示例程序

二、机器人示教

学生根据实训任务控制要求编写机器人 AS 语言程序，并通过在线示教方法输入机器人控制器。

方法一，参考示例程序如下：

程　序	注　释
SPEED 50	；设置速度为 50%，单次有效
HOME	；机器人回零
SPEED 30 ALWAYS	；设置速度为 30%，始终有效
bq0：WHILE SIG(-1001, -1002, -1003) DO	；定义循环条件
PRINT 2："请选择按钮"	；输出提示字符串
END	；条件循环结束
IF SIG(1001)　GOTO bq1	；条件跳转
IF SIG(1002)　GOTO bq2	；条件跳转
IF SIG(1003)　GOTO bq3	；条件跳转
bq1：n = 1	；数字变量定义
GOTO bq4	；无条件跳转
bq2:n = 2	；数字变量定义
GOTO bq4	；无条件跳转
bq3:n = 3	；数字变量定义
bq4：CASE n OF	；情形模式选择
VALUE 1:	；情形模式 1
JMOVE p30	；关节插补到 p30
VALUE 2:	；情形模式 2
JMOVE p31	；关节插补到 p31
VALUE 3:	；情形模式 2
SPEED 50	；设置速度为 50%，单次有效

程　序	注　释
HOME	；机器人回零
END	；情形模式选择结构结束
GOTO bq0	；无条件跳转

方法二，参考示例程序如下：

程　序	注　释
SPEED 50	；设置速度为 50%，单次有效
HOME	；机器人回零
SPEED 30 ALWAYS	；设置速度为 30%，始终有效
bq0：WHILE SIG(-1001, -1002, -1003) DO	；定义循环条件
PRINT 2："请选择按钮"	；输出提示字符串
END	；循环控制结束
IF SIG(1001)　THEN	；条件判断
JMOVE p30	；关节插补到 p30
END	；条件判断结束
IF SIG(1002)　THEN	；条件判断
JMOVE p31	；关节插补到 p31
END	；条件判断结束
IF SIG(1003)　THEN	；条件判断
SPEED 50	；设置速度为 50%，单次有效
HOME	；机器人回零
END	；条件判断结束
GOTO bq0	；无条件跳转

三、学生实训

把班级学生分成四组，训练 PLC 编程以及机器人在线示教，完成上述机器人与 PLC 对接任务。

四、过程考核

学生 2 人一组考核，考核时，测试学生完成实训任务所消耗的时间，根据完成时间快慢以及操作熟练度评定考核成绩。

◇◇◇◇◇◇　习　　题　◇◇◇◇◇◇

1. 简述工业机器人实训注意事项。
2. 简述开机、停机、关机、手动运动各轴、夹具开关和回零基本操作的方法和步骤。
3. 简述川崎机器人综合命令示教的一般步骤。
4. 简述川崎机器人 AS 语言示教的一般步骤。
5. 简述川崎机器人 AS 语言在线示教的一般步骤。

模块五 柔性制造生产线编程与调试

(天津龙洲 RB0105 实训台)

【模块目标】

掌握天津龙洲 RB0105 柔性制造实训台的定义及组成等知识；熟练掌握该实训台各工作子站的 PLC 编程与调试技能。

【实训设备】

天津龙洲 RB0105 实训台。

◇◇◇◇◇◇ 任务 5.1 认识典型柔性制造生产线 ◇◇◇◇◇◇

【任务目标】

掌握柔性制造生产线的定义、组成、发展史和发展趋势。

【学习内容】

学习柔性制造生产线系统的定义及组成。

一、柔性制造生产线定义

1. 定义

柔性制造系统(Flexible Manufacturing System，FMS)，是由数控加工设备、物料储运装置和计算机控制系统等组成的自动化制造系统，包括多个柔性制造单元，能根据制造任务或生产环境的变化迅速调整，适用于多品种、中小批量生产。柔性制造系统一般意义上，又指具体的自动化制造生产线(Flexible Manufacturing Line，FML)。

2. 直观的定义

柔性制造系统是至少由两台数控机床，一套物料运输系统和一套计算机控制系统所组成的自动化制造系统。它可以通过改变软件的方法来制造不同的零件，即体现出所谓的"柔性"。

3. 产生原因

柔性制造生产线的提出最初是为了省人、省力。现在使用这种生产线的目的，不仅是为了省人、省力，而且更重要的是为了提高产品质量，提高生产率，降低成本，缩短产品开发生产周期，提高市场竞争力。

4. 柔性

柔性制造生产线中所谓的"柔性"，即灵活性，是指生产线应付各种可能变化或新情况的"应变"能力，可以表述为两个方面：第一个方面是系统适应外部环境变化的能力，这可以用系统能够满足新产品要求的程度来衡量；第二个方面是系统适应内部变化的能力，这可以用在有干扰(如机器出现故障)情况下系统的生产率与无干扰情况下的生产率期望值之比来衡量。

柔性制造生产线中的柔性主要包括以下几方面的含义：

(1) 机器柔性：当要求生产一系列不同类型的产品时，机器实现随产品变化而加工不同零件的难易程度。

(2) 工艺柔性：一是工艺流程不变时系统适应产品或原材料变化的能力；二是制造系统内为适应产品或原材料变化而改变相应工艺的难易程度。

(3) 产品柔性：一是产品更新或完全转向后，系统能够非常经济和迅速地生产出新产品的能力；二是产品更新后，对老产品有用特性的继承能力和兼容能力。

(4) 维护柔性：采用多种方式查询、处理故障，保障生产正常进行的能力。

(5) 生产能力柔性：当生产量改变时，系统也能经济地运行的能力。对于根据订货而组织生产的制造系统，这一点尤为重要。

(6) 扩展柔性：当生产需要的时候，可以很容易地扩展系统结构，增加模块，构成一个更大系统的能力。

(7) 运行柔性：利用不同的机器、材料、工艺流程来生产一系列产品的能力和同样的产品，换用不同工序加工的能力。

二、柔性制造生产线组成

1. 加工制造系统

加工制造系统由各种类型机床组成(如车，铣，雕刻)，具有自动换刀，换工件，自动完成复杂零件加工的能力。

2. 物流储运系统

柔性制造生产线上各种工件流、工具流、配套流统称为物流，物流系统一般由传输线，工业机器人，立体仓库等组成。

3. 信息控制系统

信息控制系统由计算机硬件、网络和通信设备、计算机软件、信息资源等组成，可进行信息的采集、传输、储存、加工、维护和使用，具备预测、计划、控制和辅助决策等功能。

上述各系统为柔性制造生产线(FMS)必要组成条件，除此之外，柔性制造生产线一般还包含如下非必要组成部分。

(1) 检测系统：用于监控产品的质量，由五轴精度扫描仪、粗糙度检测仪等检测站组成。

(2) 装配站：用于完成生产线配套装配任务。

(3) 辅助站：为柔性制造生产线提供辅助工作。如液压泵站，空压机站，电子板，监控电视等。

柔性制造生产线实训台实物图如图 5-1 所示。

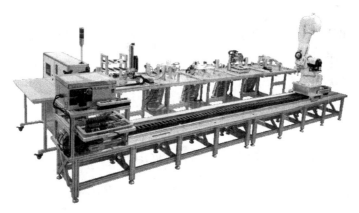

图 5-1　天津龙洲 RB0105 柔性制造生产线实训台实物图

三、柔性制造生产线发展历程

(1) 1967 年英国莫林斯 Molins 公司建成第一条 FMS 生产线 Molins System-24。

(2) 同年，美国的怀特·森斯特兰公司建成 Omniline I 系统，也叫柔性自动线；一般认为 1967 年是柔性制造系统的起源年。

(3) 1970 年美国 K&T 公司推出生产飞机和拖拉机零件的多品种，小批量自动线。

(4) 20 世纪 70 年代末 80 年代初，FMS 商品化，从机加工发展到焊接、装配、检验等领域。FMS 不仅成为一个应用平台，同时更是一个二次开发平台。

(5) 20 世纪 80 年代后，出现基于计算机的集成制造系统；1985 年，据欧洲经济委员会的统计，全世界已有近 400 套 FMS 在运行。1987 年，全世界已有近 800 套。

(6) 1990 年，世界上运行的柔性生产线达到 1500 多套。到 20 世纪末，已有 2000 套投入使用。

(7) 目前柔性制造生产线数量不计其数，各大制造企业和科研院所都致力于柔性制造生产线的开发和应用。

我国第一套 FMS 系统是由北京机床研究所于 1985 年 10 月开发的用于加工数控机床直流伺服电机中的主轴、端盖、法兰盘和壳体的 JCS-FMS-1 生产线。

1985 年后，在国家机电部"七五"重点科技攻关项目的支持和国家 863 发展计划自动化领域的工作带动下，FMS 得到了极大重视和发展，进入自行开发和国外进口并重的阶段。

四、柔性制造生产线发展趋势

1. 低成本、小型化

发展成集成各种工艺内容的柔性制造单元(机床)或小型柔性制造生产线。

2. 提高可靠性

目前自动化制造最大问题是可靠性，提高可靠性是未来的发展趋势。

3. 智能化

完善柔性制造生产线的自动化功能，最终实现智能化。

4. 多功能化

扩大 FMS 的作业内容，与计算机辅助设计和辅助制造技术(CAD/CAM)相结合。

5. 管理现代化

实现从产品决策、产品设计、生产到销售的整个生产过程自动化，特别是管理层次自动化，完成制造自动化的最高层级，即计算机集成制造系统。

◇◇◇◇◇◇ 任务 5.2　总控站编程与调试　◇◇◇◇◇◇

【任务目标】

独立完成天津龙洲 RB0105 柔性制造实训台总控站的 PLC 编程及调试。

【学习内容】

掌握总控站组成及工作原理，独立完成总控站 S7-300 硬件组态和编程。

一、总控站硬件组成及接线

1. 组成

总控站是整个柔性制造生产线实训台的控制中心，在 PROFIBUS 通信网络中的地址设置为 2 号站，主要由一套台式机、一台西门子 S7-300 PLC、CPU 313C-2 DP、昆仑通态 MCGS 触摸屏、电源开关及按钮指示灯面板组成。总控站实物图如图 5-2 所示。

2. 技术参数

(1) 西门子 S7-300 PLC, CPU 313C-2 DP：内置 RS485 接口(MPI)和 PROFIBUS-DP 接口；具有 16 点数字量输入，16 点数字量输出，3 路高速计数器，3 路高速脉冲输出；可进行频率测量，PID 控制；供电电压为 19.2～28.8 VDC；尺寸为 80 mm × 125 mm × 130 mm。

(2) 通信卡(CP5611 PCI 卡)：用于工控机连接到 PROFIBUS 和 SIMATIC S7 的 MPI；支持 PROFIBUS 通信协议，速率为 19.2 kb/s～12 Mb/s。

(3) MCGS 触摸屏：7 英寸，TFT 液晶显示、LED 背光；真彩 65 535 色；分辨率

图 5-2　总控站实物图

为 800 × 480；24 VDC 供电；采用 ARM CPU(400 MHz)，内存为 64 MB；配有 MCGS 嵌入式组态软件；面板尺寸为 226.5 mm × 163 mm；机柜开孔 215 mm × 152 mm；提供串口 RS232 1 个、RS485 1 个；USB 接口 2 个。

(4) 断路器：两极；额定 25 A；C 型脱扣特性。

(5) 开关电源：单组输出 24 VDC；额定 101 W/4.2 A；尺寸 159 mm × 97 mm × 38 mm。

3. PLC I/O 地址分配

总控站 PLC I/O 地址分配如表 5-1 所示。

表 5-1　总控站 PLC I/O 地址分配表

序号	名　称	输入信号	备　注
1	启动按钮	I0.0	
2	停止按钮	I0.1	
3	复位按钮	I0.2	
4	急停按钮	I0.3	

序号	名　称	输出信号	备　注
1	绿灯	Q0.0	
2	红灯	Q0.1	
3	黄灯	Q0.2	
4	运行指示灯(绿)	Q0.3	
5	停止指示灯(红)	Q0.4	

二、西门子 S7-300 硬件组态及编程

S7-300 PLC 是西门子提供的模块化中小型 PLC，适用于中等性能的控制要求，一般用作 SIMATIC-PLC 控制系统的主站。S7-300 PLC 的主要特点有：高电磁兼容性，抗振动，耐污染，价格适中。

S7-300 PLC 的编程软件是 STEP 7，STEP 7 是一种用于 300、400 等 PLC 进行组态和编程的软件，西门子称为标准工具。STEP 7 主要使用版本有：Step7 V5.5(支持 64 位 win7) 或 Step 7 V10 及以上版本。

S7-300 PLC 一般由以下模块组成：电源模块(PS)；中央处理器(CPU)；接口模块(IM)：用于扩展机架；信号模块(SM)：数字量、模拟量等输入输出信号模块；功能模块(FM)：用于高速，存储器容量要求大的过程信号处理任务；通信模块(CP)：用于扩展通信方式；特殊模块：其他特殊功能模块，如 SM 374 仿真器等。

由于 S7-300 PLC 是典型的模块化结构，因此在编程之前需要先进行硬件组态，用于定义 S7-300 PLC 的硬件组成。如图 5-3 所示为一个完成好的硬件组态界面图(基于博途 Step 7 V15)，其包含一个主机架和两个从机架共 24 个扩展模块。

1. 硬件组态举例

任务：完成一个紧凑型 S7-300 PLC 的硬件组态，具体要求如下：

(1) CPU 为 313C-2 DP；

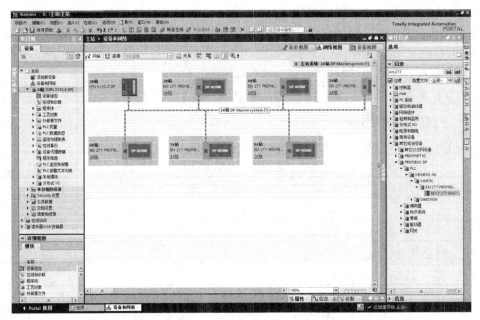

图 5-3　硬件组态界面图

(2) 订货号 313-6CG04-0AB0；

(3) 要求添加 EM277 通信模块。

具体步骤：

(1) 打开 STEP 7 编程软件，新建一个项目，添加新设备—S7-300 CPU:313C-2 DP，如图 5-4 所示。

图 5-4　添加新设备窗口

(2) 在设备视图，对 PLC 属性进行设置：

· 添加 PROFIBUS 新子网，并设置 PROFIBUS 地址为 2；

· 设置数字量输入输出模块的 I/O 地址为 0 和 1。如图 5-5 所示。

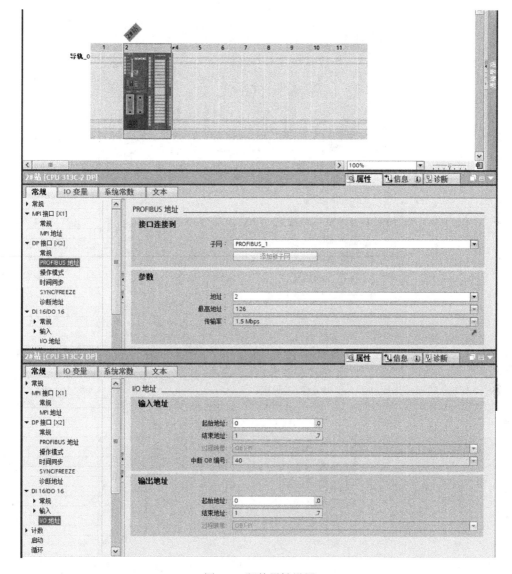

图 5-5　硬件属性设置

(3) 在网络视图中，硬件目录搜索 EM277，并添加 EM277，如图 5-6 所示。如图 5-7 所示，为 EM277 通信扩展模块实物图。

注：① 新安装的 STEP 7 编程软件，无法搜索到 EM277 通信模块，需要先安装 EM277 通信模块的 GSD 文件，具体操作步骤：选项—安装 GSD 文件—导入 EM277 通信模块 SIEM089D.GSD。

② 设置 EM277 通信地址时，应和 EM277 模块上的地址旋钮对应，如图 5-7 所示，左上角为 EM277 模块通信地址旋钮。

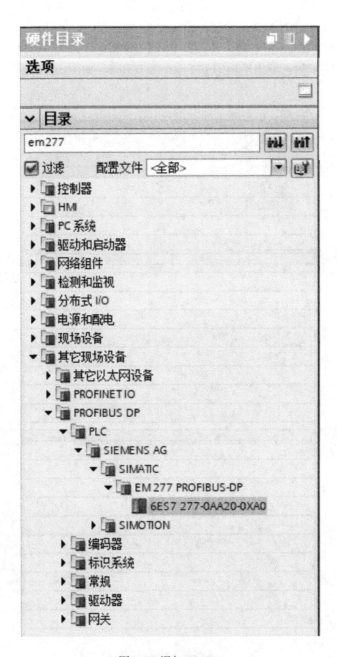

图 5-6　添加 EM277

图 5-7　EM277 通信扩展模块实物图

(4) 在网络视图中，完成 EM277 与 PLC 的联网。如图 5-8 所示。

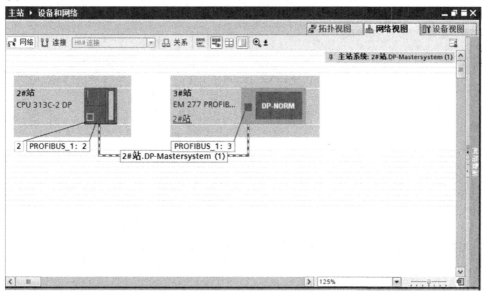

图 5-8　EM277 与 PLC 联网

(5) 在网络视图双击 EM277，进入设备视图，对 EM277 进行设置：

· 设置 PROFIBUS 地址为：3，如下图 5-9 所示。

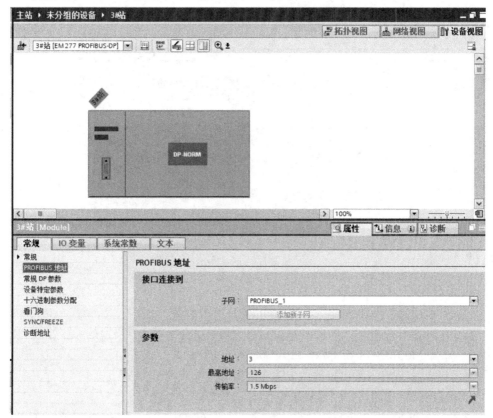

图 5-9　设置 EM277 网络地址

- 在设备特定参数中设置 V 存储器偏移值为 30，如下图 5-10 所示。

图 5-10　设置 V 存储器偏移值

- 设备目录添加一个 2 字节通信 I/O，并设置 I/O 地址为 30-31，如图 5-11 所示。

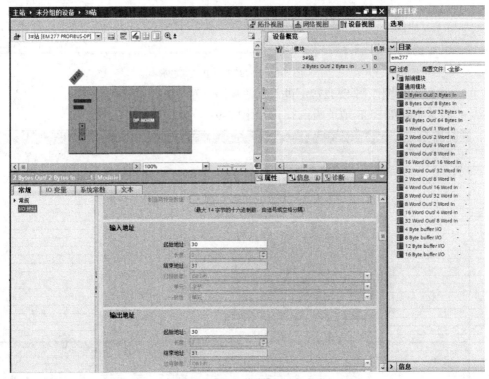

图 5-11　设置通信 I/O

2. S7-300 PLC 硬件组态步骤归纳

(1) 新建项目，添加新设备—S7-300PLC。

(2) 在设备组态画面，对 PLC 属性进行设置：

- 添加 PROFIBUS 新子网，并设置地址为 2；

- 设置数字量输入输出模块的 I/O 地址为 0。

(3) 点击网络视图，在硬件目录中搜索 EM277。

注意：先安装 EM277GSD 文件：选项—管理 GSD 文件—安装 SIEM089D.GSD。

(4) 添加 EM277，并与 PLC 完成联网。

(5) 在网络视图双击 EM277，进入设备组态画面，对 EM277 进行设置：

- 设置 PROFIBUS 地址为：3；
- 在设备特定参数中设置 V 存储器偏移值为 30；
- 设备目录添加一个 2 字节通信 I/O，并设置 I/O 地址为 30。

(6) 组态完毕，编译没问题，可以下载。

三、西门子 PLC 通信原理

1. 概述

根据不同的自动化水平的要求(工厂级、单元级、现场和传感器/执行器级)，西门子 SIMATIC 提供多种网络通信解决方案，具体包括：点对点接口协议通信(PPI)，多点接口协议通信(MPI)，PROFIBUS 现场总线协议通信，工业以太网通信(Ethernet)，PROFINET 协议通信，执行器/传感器接口通信(AS-I)。

由于天津龙洲 RB0105 柔性制造实训台采用 PROFIBUS 现场总线协议通信方式，因此，本节重点介绍该方式的通信原理。

PROFIBUS 是一种国际化、开放式、不依赖于设备生产商的现场总线标准，1989 年正式成为现场总线的国际标准，2006 年 10 月成为我国首个现场总线国家标准。PROFIBUS 共有三种协议，分别是：

(1) PROFIBUS-DP：适用于分布式外部设备，适合 PLC 之间通信。

(2) PROFIBUS-PA：适用于过程自动化，适合传感器信号采集。

(3) PROFIBUS-FMS：现场总线报文规范，适合于车间与车间之间通信。

其中 PROFIBUS-DP 是一种主从结构的通信方式，包含一个主机 Master 和若干个从机 Slave，通信最高网速达 12 Mb/s。PROFIBUS-DP 网络结构示意图如图 5-12 所示。

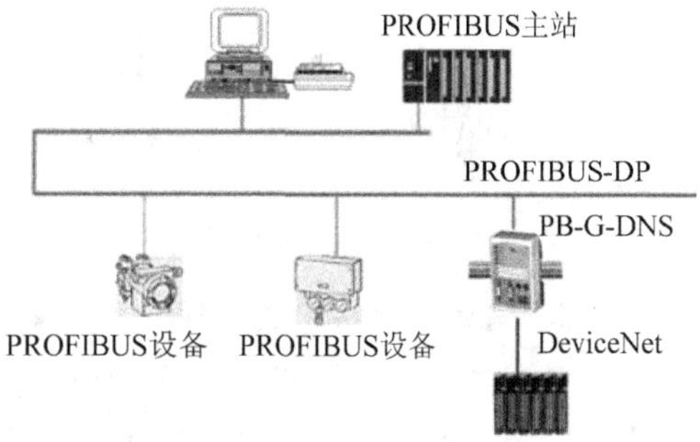

图 5-12　PROFIBUS-DP 网络结构示意图

2. 通信原理

在使用 PROFIBUS-DP 通信时，首先要在 S7-300 PLC 硬件组态时进行通信设置，具体步骤如下：

(1) 在 CPU 模块里新建 PROFIBUS 通信总线。

(2) 在 PROFIBUS 通信总线上，添加 EM277 通信模块。

(3) 点击 EM277 硬件配置目录，添加通信 I/O 通道，并设置地址。

(4) 双击 EM277 模块，在分配参数中定义 V 变量偏移值。

举例：

如图 5-8 所示，点击 EM277 硬件配置目录，添加 2 字节的通信 I/O 通道，并设置 I/O 地址为 30-31。

如图 5-13 所示，双击 EM277 模块，在分配参数中定义 V 变量偏移值为 30。

图 5-13　V 变量偏移值设置界面

完成通信设置后，S7-300 与 S7-200 通信原理如表 5-2 所示。

表 5-2　通信原理

S7-300 PLC		S7-200 PLC
QB30-QB31	→	VB30-VB31
IB30-IB31	←	VB32-VB33

四、课堂练习

完成 1 个 2 号站 S7-300 和 3 号站 S7-200 PLC 的硬件组态，试编程实现以下通信功能：

(1) S7-300 为主站，地址为 2；S7-200 为从站，地址分别为 3。

(2) 通过 2 号站的按钮 1(I0.0)和按钮 2(I0.1)分别远程控制 3 号站料盘电机 Q0.0 旋转和停止。

(3) S7-300 PLC 硬件为紧凑型 CPU313C-2 DP，订货号 313-6CG04-0AB0。

1. 编写 3 号站 PLC 程序

基于工作任务分析，3 号站工作任务是接收上位机 2 号站启动和停止信号，控制料盘电机的启动和停止。其 PLC 程序相对简单，参考示例程序如图 5-14 所示。

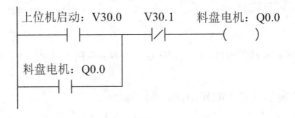

图 5-14　3 号站 PLC 程序

2. 编写 2 号站 PLC 程序

基于工作任务分析，2 号站任务是发送控制命令给 3 号站，控制其料盘电机旋转和停止。首先进行硬件组态，具体步骤参考任务 5.2 学习内容；其次编写 2 号站 PLC 程序，参考示例程序如图 5-15 所示。

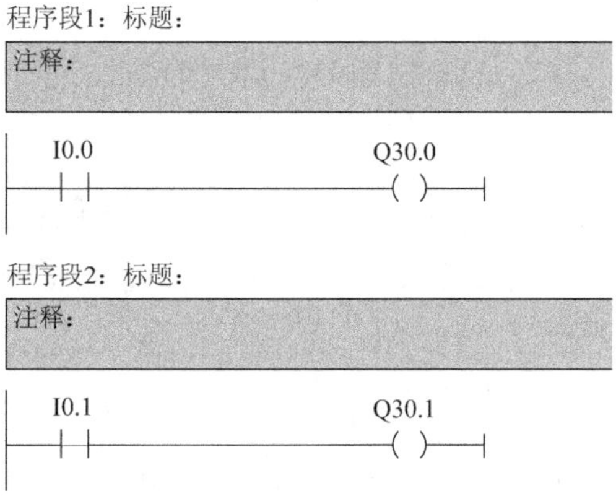

程序段1: 标题:

注释:

```
      I0.0                      Q30.0
  ────┤├──────────────────────( )────
```

程序段2: 标题:

注释:

```
      I0.1                      Q30.1
  ────┤├──────────────────────( )────
```

图 5-15 2 号站 PLC 程序

◇◇◇◇◇◇ 任务 5.3 供料检测站编程与调试 ◇◇◇◇◇◇

【任务目标】

独立完成天津龙洲 RB0105 柔性制造实训台供料检测站的 PLC 编程及调试。

【学习内容】

掌握供料检测站硬件组成、技术参数及工作任务,独立完成供料检测站 S7-200 PLC 编程。

一、供料检测站硬件组成及技术参数

1. 组成

供料检测站在 PROFIBUS 通信网络中的地址设置为 3 号站,主要由旋转料盘、RFID 读写器和四种传感器组成,包括光纤传感器(颜色检测)、光电传感器(物料到位检测)、电感接近开关传感器(金属检测)、磁性开关传感器(汽缸位置检测)。供料检测站实物图如图 5-16 所示。

图 5-16 供料检测站实物图

2. 技术参数

(1) CPU(224 CN)：CPU 224 DC/DC/DC；数字量输入点数 14，数字量输出点数 10；2 路脉冲输出；RS485 通信接口 1 个；支持 PPI 主站/从站协议、MPI 从站协议、自由口协议；8 位模拟电位器 2 个；供电电压为 24 V DC；尺寸为 120 mm × 80 mm × 62 mm；S7-200 CN。

(2) PROFIBUS-DP 模块(EM277)：RS485 通信接口；支持 PROFIBUS 协议；站点地址可在模块上调节(0～99)；电缆最大长度为 1200 m；供电电压为 24 V DC；尺寸为 71 mm × 80 mm × 62 mm；S7-200。

(3) 料盘电机：供电电压为 24 V DC；配有 50G 马达；减速比为 1/242；转速为 14 r/m；扭矩为 15 kg·cm；电流为 0.36 A；轴径 ϕ6。

(4) 光纤放大器：PNP 输出；VR 调节(粗/微调)；响应时间 1 ms 以下；12～24 V DC 供电；红色 LED 光源；各类线缆长度 2 m；尺寸为 15 mm × 39 mm × 73 mm。

(5) 光电开关(漫反射)：尺寸为圆柱形，M18 × 1；检测距离为 300 mm；扩散反射式；PNP 三线 NO(常开)；金属壳；配有灵敏度调节器；12～24 V DC 供电；LED 指示。

(6) 接近开关(电感)：方形；检测距离 10 mm；电感式；PNP 三线 NO(常开)；尺寸为 38.5 mm × 25.5 mm × 25 mm；PBT 外壳；非屏蔽式；10～30 V DC 供电；LED 指示。

(7) 感应开关：两线式；有接点磁簧管型；常开型；线长 2 m；5～30 V DC 供电；红色 LED 指示；适用范围 M 型(用于 PB、MA、MAL、MI、MF 气缸)、不锈钢缸体、缸径 ϕ10。

(8) 调压过滤器：介质空气；内螺纹 PT1/4；差压排水式；MPa 刻度；滤水杯容量 15 mL。

3. PLC I/O 地址分配

供料检测站 PLC I/O 地址分配表如表 5-3 所示。

表 5-3　供料检测站 PLC I/O 地址分配表

序号	名　称	输入信号	备　注
1	颜色检测	I0.0	白料—ON，蓝料—OFF
2	物料检测	I0.1	
3	材质检测	I0.2	金属—ON
4	货台上升检测	I0.3	
5	货台下降检测	I0.4	
6	启动按钮	I1.1	
7	停止按钮	I1.2	
8	复位按钮	I1.3	
9	急停按钮	I1.4	
10	手自动旋钮	I1.5	
序号	名　称	输出信号	备注
1	料盘电机	Q0.0	
2	货台升降电磁阀	Q0.1	
3	蜂鸣器	Q1.1	

二、供料检测站工作任务

供料检测站的主要任务是完成工件 A 的供料，并对其进行材质检测以及射频信息写入，工件 A 示意图如图 5-17 所示。具体工作过程是：按钮盒按启动键→料盘电机启动→将工件 A 依次送到检测工位→传感器检测工件类型→提升装置提升→呼叫机器人抓取工件 A 放到 RFID 读写站点→RFID 读写器写入工件 A 材质信息→呼叫机器人搬运工件 A 到模拟加工站。工件 A 料块底部内嵌 RFID 载码体，可通过配置的 RFID 读写站读写信息。

图 5-17 工件 A 示意图

三、西门子 S7-200 顺序控制继电器指令

本站要求 PLC 按照工艺顺序依次控制供料和检测工艺过程，因此建议采用顺序控制继电器指令进行编程。

顺序控制继电器指令，即 SCR 指令，其作用是控制 PLC 程序按照自然顺序运行。SCR 指令可采用 LAD、FBD 或 STL 来编程，其指令共有三个，分别是：

(1) 载入顺序控制继电器 SCR：用于标记 SCR 段开始。

(2) 顺序控制继电器转换 SCRT：用于将程序控制权从当前段跳转到另一个 SCR 段。

(3) 顺序控制继电器结束 SCRE：用于标记 SCR 段尾 (结束)。

顺序控制继电器指令格式如图 5-18 所示，其中 n 为顺控状态寄存器 S_bit，如 S0.0。

使用顺序控制继电器指令的注意事项有：

(1) 同一个 S 位在所有程序中只能出现一次。如主程序中用 S0.1，子程序中就不能再用。

(2) 必须置位 S 位，才能进入第一个 SCR 段。

(3) 跳转 SCRT 指令，可以跳转到任意 SCR 段，不需要按顺序跳转。

(4) 如果要结束 SCR 段，一般跳转到一个不存在的 SCR 段。

(5) SCR 段中，不能使用跳转 JMP 指令。

(6) SCR 段中，不能使用结束 END 指令。

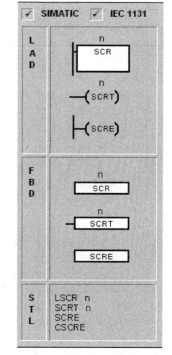

图 5-18 顺序控制继电器指令格式

四、课堂练习

完成供料检测站(3 号站)如下工作任务：

(1) 按钮盒按启动键→料盘电机启动→将工件 A 依次送到检测工位→传感器检测工件

类型，并向上位机反馈工件类型→提升装置提升。

(2) 按钮盒按停止键、复位键或急停键可以停止及复位本单元。

基于工作任务分析，编写 3 号站 PLC 程序，PLC 程序采用模块化结构，一共分为 1 个主程序和 3 个子程序。子程序分别为：初始化子程序、自动模式子程序和手动模式子程序。

主程序参考示例程序如图 5-19 所示。

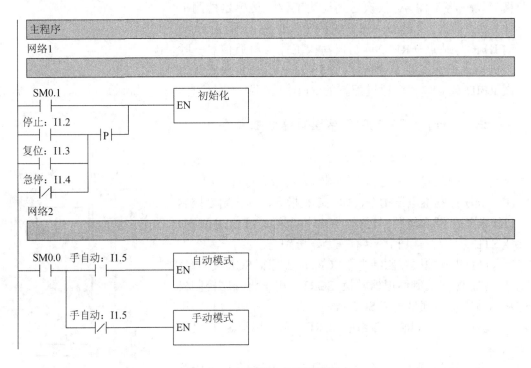

图 5-19　主程序参考示例程序

初始化子程序参考示例程序如图 5-20 所示。

初始化子程序

网络1

```
SM0.0          Q0.0
├─┤ ├──────────( R )
│              2
│              Q1.1
│             ( R )
│              1
│              S0.0
│             ( R )
│              10
```

图 5-20　初始化子程序

自动模式子程序参考示例程序如图 5-21 所示。

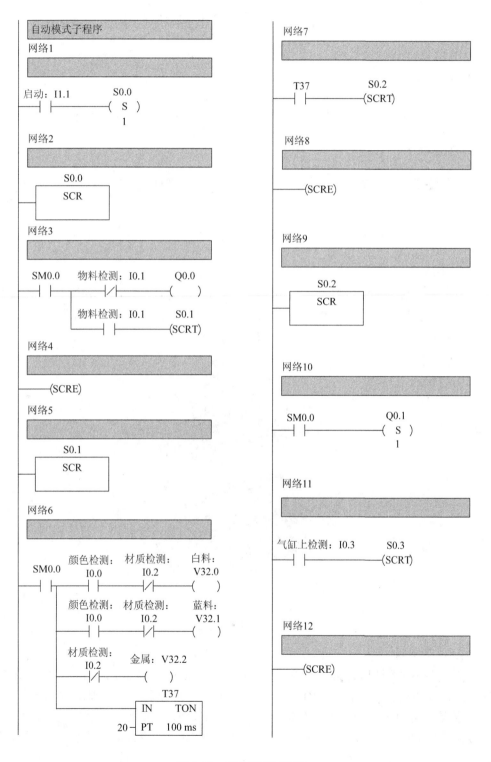

图 5-21　自动模式子程序

任务 5.4 模拟加工站编程与调试

【任务目标】

独立完成天津龙洲 RB0105 柔性制造实训台模拟加工站的 PLC 编程及调试。

【学习内容】

掌握模拟加工站硬件组成、技术参数及工作任务，独立完成模拟加工站 S7-200 PLC 编程。

一、模拟加工站硬件组成及技术参数

1. 组成

模拟加工站在 PROFIBUS 通信网络中的地址设置为 4 号站，主要由一台模拟数控铣床和一个气动夹具组成，其中数控铣床的 X 轴，Y 轴和 Z 轴采用步进电机驱动，主轴采用直流电机驱动。模拟加工站实物图如图 5-22 所示。

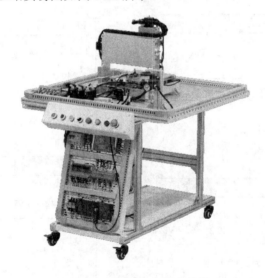

图 5-22 模拟加工站实物图

2. 技术参数

(1) 模拟数控铣床：外形尺寸 450 mm × 400 mm × 450 mm；XYZ 轴行程 200 mm × 200 mm × 140 mm；台面尺寸 240 mm × 300 mm；丝杆外径 10 mm，螺距 2 mm 精密梯形丝杆，双螺母自动消回差，铝合金弹性联轴器；导轨采用镀铬光杆，XYZ 轴直径 12 mm；1.4 A/42 步进电机，1.4 A/0.4 N·m；主轴电机 48 V/300 W ER11 风冷主轴电机，最高 10 000 转；主机框架铝合金加钣金结构，铝合金厚度 10 mm，钢板厚度 1.5 mm 与 3 mm；2080 铝合金 T 型台面，压板固定不变形；Z 轴龙门高度可调。

(2) 步进电机控制器：PNP 开关量输入信号；额定电压 5～32 VDC；最优化的 S 型加速曲线；输入输出全部光耦隔离；板载电位器调速，外接电位器调速自动切换；额定电流 1 A；脉冲频率 1～20 kHz；具有自动往返、单次往返、单次触发、点动四种模式。

(3) 气缸：复动型；缸径 ϕ10；行程 30 mm；附磁石；径向进气型；轴向固定架；内螺纹 M5 × 0.8；防撞垫缓冲。

3. PLC I/O 地址分配

模拟加工站 PLC I/O 地址分配表如表 5-4 所示。

表 5-4　模拟加工站 PLC I/O 地址分配表

序号	名　称	输入信号	备　注
1	Y 轴后限位	I0.0	常闭，接触断开
2	Y 轴原点	I0.1	常开，接触闭合
3	Y 轴前限位	I0.2	常闭，接触断开
4	X 轴左限位	I0.3	常闭，接触断开
5	X 轴原点	I0.4	常开，接触闭合
6	X 轴右限位	I0.5	常闭，接触断开
7	汽缸缩回检测	I0.6	
8	Z 轴原点	I0.7	
9	汽缸伸出检测	I1.0	
10	启动按钮	I1.1	
11	停止按钮	I1.2	
12	复位按钮	I1.3	
13	急停按钮	I1.4	
14	手自动旋钮	I1.5	
序号	名　称	输出信号	备　注
1	X 轴脉冲	Q0.0	
2	Y 轴脉冲	Q0.1	
3	X 轴方向	Q0.2	置位时，向零点方向运动
4	Y 轴方向	Q0.3	置位时，向零点方向运动
5	Z 轴正转	Q0.4	向下运动(工作方向)
6	Z 轴反转	Q0.5	向上运动(回零方向)
7	主轴电机	Q0.6	
8	气缸	Q0.7	

二、模拟加工站工作任务

机器人将工件 A 从供料检测站搬运至模拟加工站，放至待加工位置，传感器检测目标工件 A 到位后，完成工件 A 的气动夹具装夹，然后数控铣床开始模拟铣削加工，铣削过程为：X 轴移动一段距离，Y 轴移动一段距离，Z 轴移动一段距离，然后主轴工作若干秒，最后主轴停止，Z 轴、Y 轴、X 轴依次回零。

三、西门子 S7-200 高速脉冲输出指令

根据本站的工作任务，PLC 编程主要应用到顺序控制继电器指令编程技术和 PLC 输出高速脉冲技术。其中顺序控制继电器指令在任务 5.3 中已经介绍，本节重点介绍 PLC 输出高速脉冲技术。

1. 高速脉冲输出概述

晶体管输出型 S7-200 PLC 自带 2 路高速脉冲输出端子，分别是 Q0.0 和 Q0.1，其中 CPU221、CPU222、CPU224 和 CPU226 最高可输出 20 kHz 的高速脉冲脉冲信号；CPU224XP 可输出 100 kHz 高速脉冲信号。Q0.0 和 Q0.1 可输出的脉冲类型有 PTO 和 PWM 两种信号，信号特点如图 5-23 和图 5-24 所示。

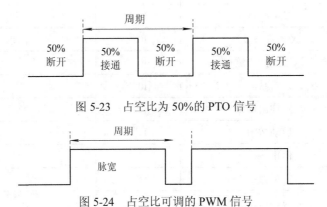

图 5-23　占空比为 50% 的 PTO 信号

图 5-24　占空比可调的 PWM 信号

2. 编程方法

S7-200 PLC 高速脉冲输出编程方法主要有以下四种：

(1) 使用 PLS 高速脉冲输出指令编程。

(2) 使用位置控制向导，生成 PTO 子程序编程。

(3) 使用高速脉冲输出 MAP 库文件编程。

(4) 添加 EM253 扩展模块，使用位置控制向导，生成 POS 子程序编程。

3. 高速 PLS 脉冲输出指令

PLS 脉冲输出指令一般格式如下：

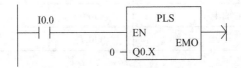

使用 PLS 指令还必须使用特殊寄存器用来设置配套参数，配套特殊寄存器类型和功能如表 5-5 所示。

表 5-5 特殊寄存器类型和功能表

Q0.0 的寄存器	Q0.0 的寄存器	名称及功能描述
SMB66	SMB76	状态字节，在 PTO 方式下，跟踪脉冲输出状态
SMB67	SMB77	控制字节，控制 PTO/PWM 脉冲输出的基本功能
SMW68	SMW78	设置 PTO/PWM 周期值，字型，取值 2～65 535
SMW70	SMW80	设置 PWM 脉宽值，字型，取值 2～65 535
SMD72	SMD82	设置 PTO 脉冲数，双字型，取值 0～429 496 7295
SMB166	SMB176	多段 PTO 编号
SMW168	SMW178	多段 PTO 包络其实字节地址

其中控制字节具体设置如图 5-25 所示。

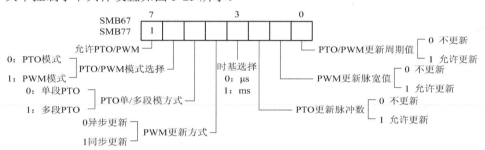

图 5-25 控制字节设置

由表 5-5 可知，输出单段 PTO 脉冲只需设置 SMB67、SMW68、SMD72 三个寄存器。

举例 1：SMB67 通常取值为

  16#85 = 2#1000 0101 = 133

  16#8D = 2#1000 1101 = 141

举例 2：使用 PLS 指令发脉冲控制 LED 灯以 0.5 s 速度闪烁。

参考程序如图 5-26 所示。

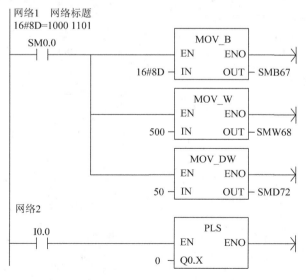

图 5-26 PLS 指令发脉冲示例程序

四、课堂练习

完成模拟加工站(4 号站)如下工作任务：

(1) 按下启动键后，X 轴自动运行 10 000 个脉冲，Y 轴自动运行 10 000 个脉冲，Z 轴正向移动 3 s，然后主轴转动 5 s，最后按照 $Z \rightarrow Y \rightarrow X$ 顺序各轴自动回零。

(2) 按下停止键和复位键，停止模拟加工站工作。

(3) X 轴和 Y 轴步进电机额定工作频率 2000 Hz(周期 500 微秒)。

基于工作任务分析，编写 4 号站 PLC 程序，PLC 程序采用顺序控制继电器指令和 PLS 高速脉冲输出指令编写，参考程序如图 5-27 所示。

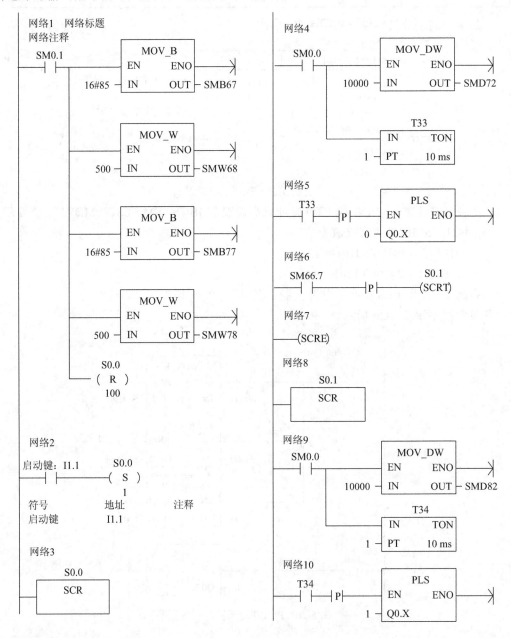

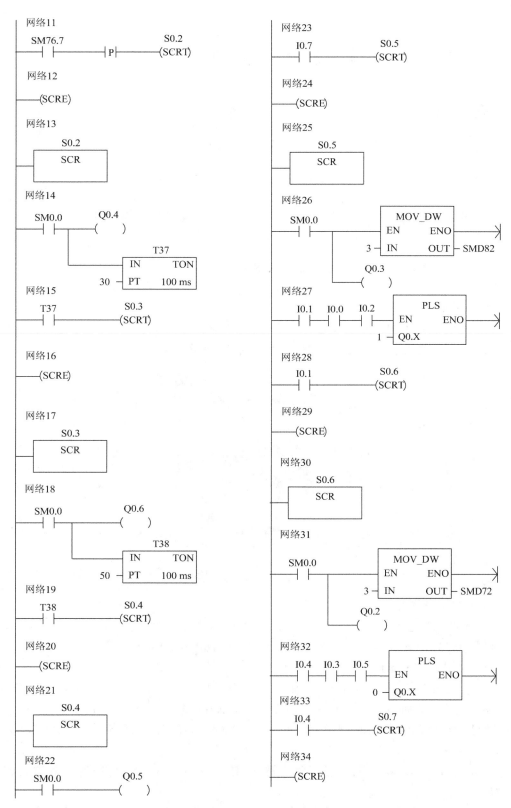

图 5-27　4 号站 PLC 参考程序

【任务目标】

独立完成天津龙洲 RB0105 柔性制造实训台模拟焊接站的 PLC 编程及调试。

【学习内容】

掌握模拟焊接站硬件组成、技术参数及工作任务，独立完成模拟焊接站 S7-200 PLC 编程。

一、模拟焊接站硬件组成及技术参数

1. 组成

模拟焊接站在 PROFIBUS 通信网络中的地址设置为 5 号站，主要由可旋转分度盘、气动夹具、气动伸缩装置等组成。模拟焊接站实物图如图 5-28 所示。

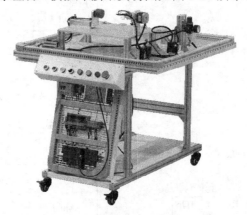

图 5-28　模拟焊接站实物图

2. 技术参数

(1) 两相步进电机：机身长 40 mm；相电流 1.7 A；单出轴；步距角 1.8°；引线数 4；静转矩 0.33 N·m；定位力矩 2.2 N·cm；转动惯量 54 g·cm²；相电压 2.55 V；相电阻 1.5 Ω；相电感 2.8 mH。

(2) 两相步进电机驱动器 SR2：输入电压 12～48 VDC；输入信号电压 4～28 VDC；输入电流 0.3～2.2 A；步进脉冲频率 2 MHz；3 位拨码开关；8 种电流细分选择。

(3) 顶紧气缸：复动型；缸径 φ12；行程 100 mm；附磁石；铜套轴承；内螺纹 M5 × 0.8；防撞垫缓冲。

(4) 平行气爪：复动型；缸径 φ16；内螺纹 M5 × 0.8；压力范围 0.1～0.7 MPa；适配 CS1-G 感应开关。

(5) 感应开关：两线式；有接点磁簧管型；常开型；线长 2 m；5～30 VDC 供电；红色

LED 指示；适用范围 G 型(用于 MD、MK、TR、TC、ACP、ACQ、STM、TWH(M)、TWQ、SDA 气缸)。

3. PLC I/O 地址分配

模拟焊接站 PLC I/O 地址分配表如表 5-6 所示。

表 5-6　模拟焊接站 PLC I/O 地址分配表

序号	名　称	输入信号	备　注
1	夹爪轴原点	I0.0	
2	夹爪松开检测	I0.1	
3	夹爪夹紧检测	I0.2	
4	对接至位检测	I0.3	
5	对接复位检测	I0.4	
6	启动按钮	I1.1	
7	停止按钮	I1.2	
8	复位按钮	I1.3	
9	急停按钮	I1.4	
10	手自动旋钮	I1.5	
序号	名称	输出信号	备注
1	夹爪轴脉冲	Q0.0	发脉冲
2	夹爪轴旋转方向	Q0.1	置位时，朝回零方向旋转
3	夹爪电磁阀	Q0.2	
4	对接电磁阀	Q0.3	

二、模拟焊接站工作任务

模拟焊接站的主要任务是完成工件 A 的分度盘装夹和与工件 B 的模拟焊接。行走机构载机器人，将工件 A 从模拟加工站搬运至模拟焊接站，并装至分度盘气动卡盘位置，传感器检测到位后，卡盘进行装夹，工件 B 随气动顶紧装置与工件 A 顶紧，随后分度盘进行旋转，配合机器人完成模拟焊接工作。完成焊接后，工件 B 将留在原位置，以配合下一次模拟焊接。

三、课堂练习

完成模拟焊接站(5 号站)如下工作任务：
(1) 按下启动键，气动夹具夹紧。
(2) 气动伸缩装置顶紧。
(3) 步进电机反向转动 5000 脉冲。
(4) 电机复位回零。
(5) 气动伸缩装置松开。

(6) 气动夹具松开。

基于工作任务分析，编写 5 号站 PLC 程序，PLC 程序采用顺序控制继电器指令和 PLS 高速脉冲输出指令编写，部分参考程序如图 5-29 所示。

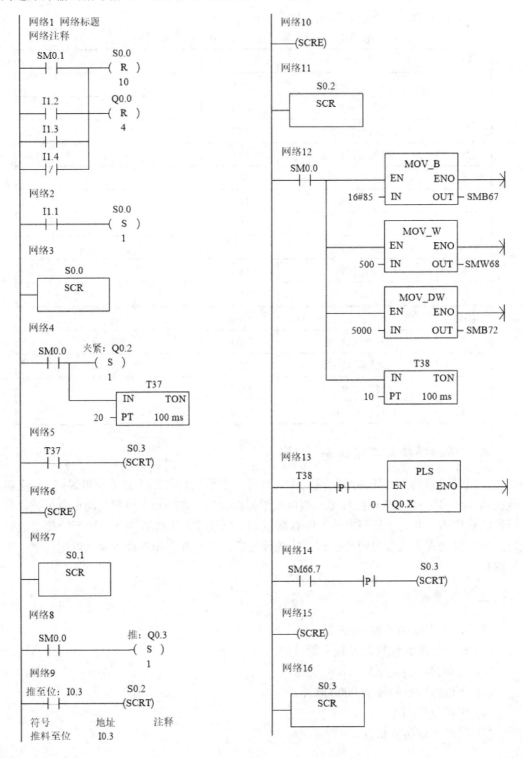

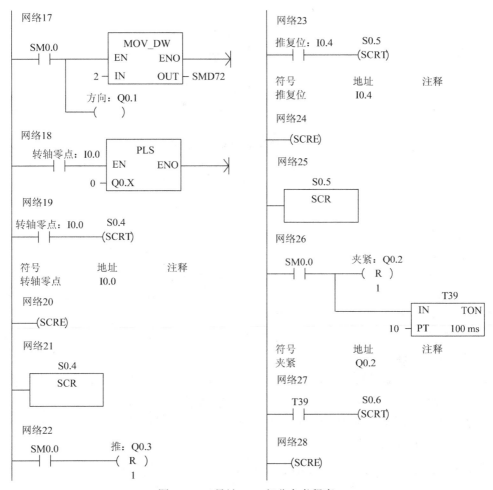

图 5-29 5 号站 PLC 部分参考程序

◇◇◇◇◇◇◇ **任务 5.6 装配站编程与调试** ◇◇◇◇◇◇◇

【任务目标】

独立完成天津龙洲 RB0105 柔性制造实训台装配站的 PLC 编程及调试。

【学习内容】

掌握装配站硬件组成、技术参数及工作任务，独立完成装配站 S7-200 PLC 编程。

一、装配站硬件组成及技术参数

1. 组成

装配站在 PROFIBUS 通信网络中的地址设置为 6 号站，主要由双料仓选择装置、气动吸盘摆臂、装配工位等组成。装配站实物图如图 5-30 所示。

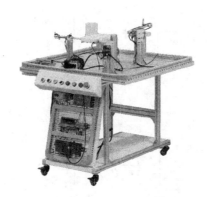

图 5-30　装配站实物图

2. 技术参数

(1) 回转气缸：双活塞齿轮齿条式复动型；规格 10；回转角度范围 0～190°；重复精度 0.2°；力矩 1.1 N·m；接管口径 M5×0.8；油压缓冲。

(2) 真空发生器：直接配管型(无消声器)；喷嘴直径 ϕ0.5；最高真空度 +88 kPa；SUP 接口 Rc1/8；VAC 接口 Rc1/8；EXH 接口 Rc1/8。

(3) 吸盘：垂直真空口接管；不带缓冲；ϕ10 平行吸盘；丁腈橡胶；接管方式外螺纹；螺纹直径 M5×0.8。

(4) 调压过滤器：介质空气；内螺纹 PT1/4；差压排水式；MPa 刻度；滤水杯容量 15CC。

(5) 气体电磁阀：五口二位；先导式；双位置双电控；内螺纹 M5；工作电压 24 VDC；DIN 插座式；铝合金；压力范围 0.15～0.8 MPa；介质空气。

3. PLC I/O 地址分配

装配站 PLC I/O 地址分配表如表 5-7 所示。

表 5-7　装配站 PLC I/O 地址分配表

序　号	名　　称	输入信号	备　　注
1	摆臂前伸检测	I0.0	
2	摆臂返回检测	I0.1	
3	物料选择至位	I0.2	
4	物料选择复位	I0.3	
5	推料复位	I0.4	
6	推料至位	I0.5	
7	物料检测	I0.6	
8	启动按钮	I1.1	
9	停止按钮	I1.2	
10	复位按钮	I1.3	
11	急停按钮	I1.4	
12	手自动旋钮	I1.5	

序号	名　　称	输出信号	备　　注
1	摆臂前伸电磁阀	Q0.0	
2	摆臂返回电磁阀	Q0.1	
3	物料选择1电磁阀	Q0.2	
4	物料选择2电磁阀	Q0.3	
5	吸盘电磁阀	Q0.4	
6	推料电磁阀	Q0.5	

二、装配站工作任务

通过气动摆臂和吸盘将料仓内的工件B搬运至待装配工位，工业机器人将工件A从模拟焊接站搬运至装配站，并将工件A装配至工件B内，完成装配任务。装配完成后，工业机器人继续更换抓手，将装配组合体搬运至立体仓库。

三、课堂练习

完成装配站(6号站)如下工作任务：

(1) 按下启动键，摆臂前伸，推料气缸推料，并自动复位。

(2) 摆臂返回，吸盘吸。

(3) 摆臂前伸，吸盘松。

基于工作任务分析，编写6号站PLC程序，PLC程序采用顺序控制继电器指令编写，参考程序如图5-31所示。

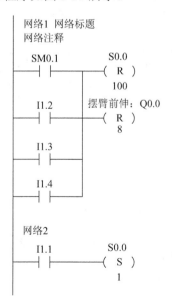

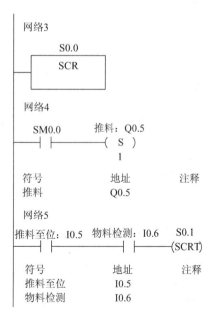

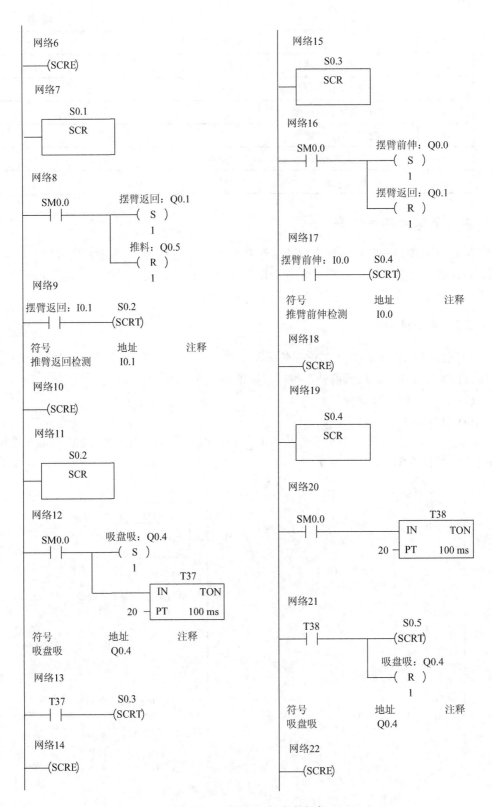

网络6
—(SCRE)

网络7

S0.1
SCR

网络8

SM0.0　　摆臂返回：Q0.1
　┤├　　　　(S)
　　　　　　　1
　　　　　推料：Q0.5
　　　　　　(R)
　　　　　　　1

网络9

摆臂返回：I0.1　S0.2
　┤├　　　　(SCRT)

符号　　　　　　地址　　　注释
推臂返回检测　　I0.1

网络10
—(SCRE)

网络11

S0.2
SCR

网络12

SM0.0　　吸盘吸：Q0.4
　┤├　　　　(S)
　　　　　　　1
　　　　　　　　　　T37
　　　　　　IN　　　TON
　　　　20┤PT　　100 ms

符号　　　　　　地址　　　注释
吸盘吸　　　　　Q0.4

网络13

T37　　　S0.3
┤├　　　(SCRT)

网络14
—(SCRE)

网络15

S0.3
SCR

网络16

SM0.0　　摆臂前伸：Q0.0
　┤├　　　　(S)
　　　　　　　1
　　　　　摆臂返回：Q0.1
　　　　　　(R)
　　　　　　　1

网络17

摆臂前伸：I0.0　S0.4
　┤├　　　　(SCRT)

符号　　　　　　地址　　　注释
推臂前伸检测　　I0.0

网络18
—(SCRE)

网络19

S0.4
SCR

网络20

SM0.0　　　　　　　　T38
　┤├　　　　　IN　　　TON
　　　　　20┤PT　　100 ms

网络21

T38　　　　　S0.5
┤├　　　　　(SCRT)
　　　　　吸盘吸：Q0.4
　　　　　　(R)
　　　　　　　1

符号　　　　　　地址　　　注释
吸盘吸　　　　　Q0.4

网络22
—(SCRE)

图 5-31　6 号站 PLC 参考程序

任务 5.7 立体仓库编程与调试

【任务目标】

独立完成天津龙洲 RB0105 柔性制造实训台立体仓库的 PLC 编程及调试。

【学习内容】

掌握立体仓库硬件组成、技术参数及工作任务，独立完成立体仓库 S7-200 PLC 编程。

一、立体仓库硬件组成及技术参数

1. 组成

立体仓库在 PROFIBUS 通信网络中的地址设置为 7 号站，主要由两轴机械手码垛机、立体货架、读写站等组成。立体仓库实物图如图 5-32 所示。

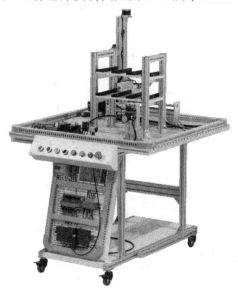

图 5-32 立体仓库实物图

2. 技术参数

(1) 光电开关(槽型)：L 型；槽宽 5 mm；红外光；5～24 VDC 供电；PNP 输出；LED 指示；2 m 电缆；尺寸 26 mm×18.5 mm×15.5 mm。

(2) 步进电机驱动器：输入电压 12～48 VDC；输入信号电压 4～28 VDC；输入电流 0.3～2.2 A；步进脉冲频率 2 MHz；3 位拨码开关；8 种电流细分选择。

(3) 笔形气缸：复动型；缸径 ϕ10；行程 50 mm；附磁石；径向进气型；轴向固定架；内螺纹 M5×0.8；防撞垫缓冲。

(4) 微动开关：滚珠摆杆型；0.5 A 125 / 250 VAC；3 脚焊线型(1NO + 1NC + 1COM)；

尺寸 20 mm × 10.7 mm × 6.3 mm；孔距 9.5 mm。

3. PLC I/O 地址分配

立体仓库 PLC I/O 地址分配表如表 5-8 所示。

表 5-8　立体仓库 PLC I/O 地址分配表

序号	名　称	输入信号	备　注
1	货台有料检测	I0.0	
2	推料至位	I0.1	
3	推料复位	I0.2	
4	X 轴右限位	I0.3	常闭，接触断开
5	X 轴原点	I0.4	常开，接触闭合
6	X 轴左限位	I0.5	常闭，接触断开
7	Y 轴上限位	I0.6	常闭，接触断开
8	Y 轴原点	I0.7	常开，接触闭合
9	Y 轴下限位	I1.0	常闭，接触断开
10	启动按钮	I1.1	
11	停止按钮	I1.2	
12	复位按钮	I1.3	
13	急停按钮	I1.4	
14	手自动旋钮	I1.5	

序号	名　称	输出信号	备　注
1	X 轴脉冲	Q0.0	
2	Y 轴脉冲	Q0.1	
3	X 轴方向	Q0.2	ON-回零方向
4	Y 轴方向	Q0.3	ON-回零方向
5	推料电磁阀	Q0.4	

二、立体仓库工作任务

立体仓库工作任务是完成工件成品的入库存储功能。工业机器人将装配组合件从装配站搬运至立体仓库，此站另配置了 RFID 读写站。机器人将工件 A 组合件放置该读写站读出工件 A 材质信息后，再放至待入库工位，三轴码垛机将工件 A 组合件依据读出材质信息入至指定库位，完成整个系统的动作过程。

三、位置控制向导生成 PTO 子程序编程

利用 S7-200 编程软件 STEP7-Micro/WIN 自带的运动控制模块编程，具体操作如下：

(1) 如图 5-33 所示，选择"工具"——"位置控制向导"。

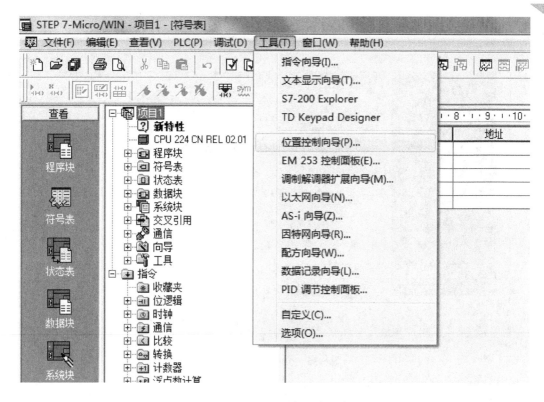

图 5-33　位置控制向导

(2) 选择"配置 S7-200 PLC 内置 PTO/PWM 操作",如图 5-34 所示。

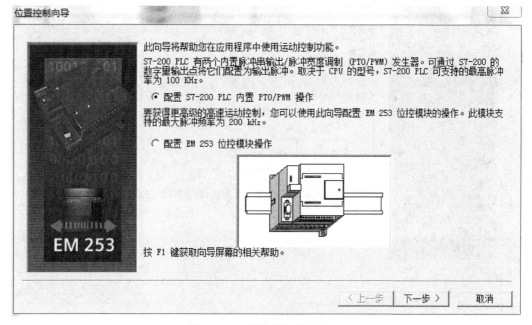

图 5-34　位置控制向导设置(一)

(3) 选择 Q0.0 脉冲发生器,如图 5-35 所示。

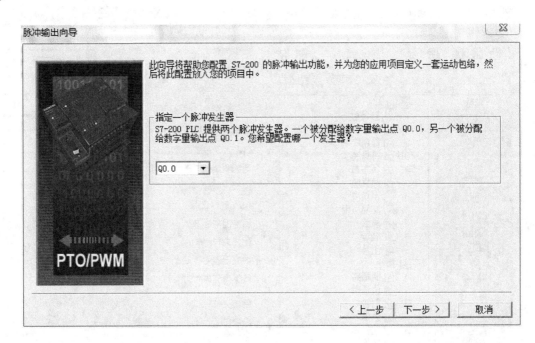

图 5-35　位置控制向导设置(二)

(4) 选择输出脉冲类型，如图 5-36 所示。

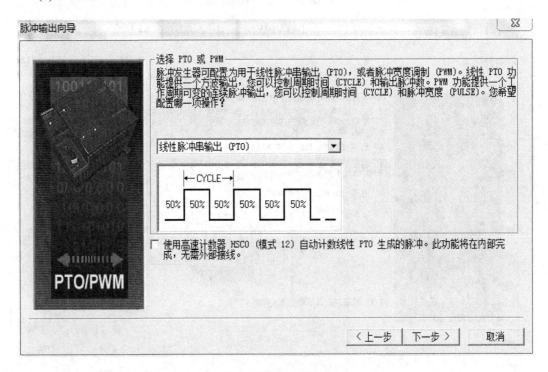

图 5-36　位置控制向导设置(三)

(5) 设置最高和启停速度，如图 5-37 所示。

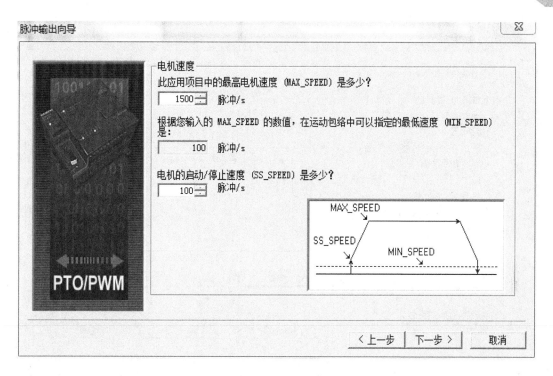

图 5-37　位置控制向导设置(四)

(6) 设置加减速时间，如图 5-38 所示。

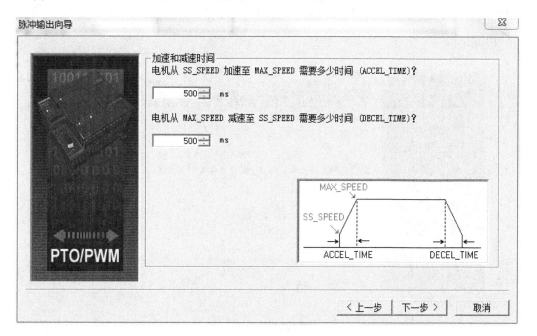

图 5-38　位置控制向导设置(五)

(7) 新建包络，并在包络中设置操作模式、发脉冲速度和发送脉冲个数，如图 5-39

所示。

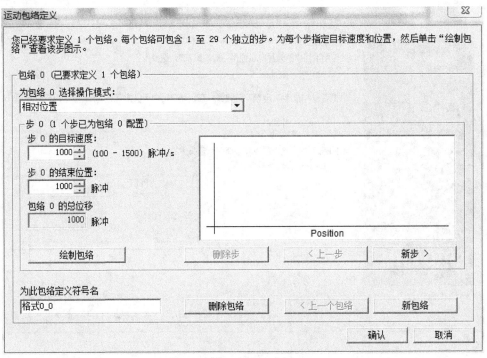

图 5-39　位置控制向导设置(六)

(8) 如图 5-40 所示，设置 V 变量存储区地址，用来放置运动向导各设置参数。设置时，避免和已使用 V 变量存储区地址重复冲突。

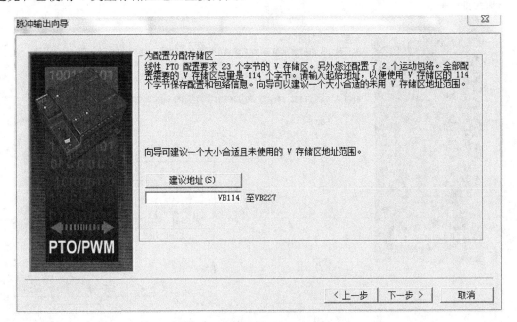

图 5-40　位置控制向导设置(七)

(9) 点击完成，生成 3 个 PTO 子程序，如图 5-41 和图 5-42 所示。

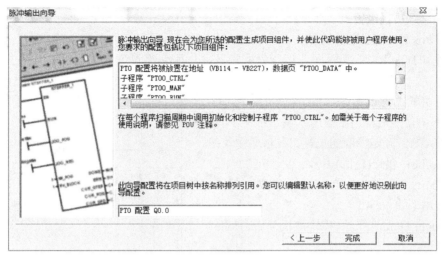

图 5-41　位置控制向导设置(八)

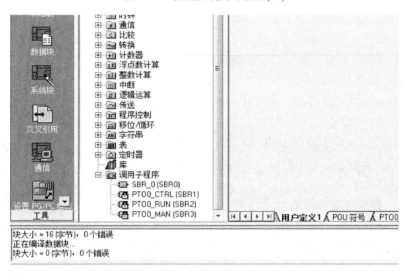

图 5-42　位置控制向导生成子程序

通过位置控制向导生成的 PTO 子程序功能及格式如下:

① PTOx_CTRL 子程序,用于全局设置,其格式如图 5-43 所示。

各端子说明如下:

EN:使能端,用于启用本模块;

I_STOP:立即停止,布尔型输入,当此输入变为高电平时,立即终止脉冲的发出;

D_STOP:减速停止,布尔型输入,当此输入变为高电平时,减速至停止发脉冲;

Done:完成信号,当模块被执行后,Done输出置位;

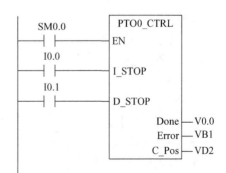

图 5-43　PTOx_CTRL 子程序

Error：错误报警，字节型；

C_Pos：反馈当前脉冲数。

② PTOx_RUN 子程序，运行轮廓指令，按照包络设置自动运行，其格式如图 5-44 所示。

各端子说明如下：

EN：使能端，用于启用本模块；

START：开始轮廓的执行，布尔型输入；

Profile：包络(轮廓)编号；

Abort：终止当前轮廓执行并减速至停止，布尔型输入；

Done：完成信号，当模块被执行后，Done 输出置位；

Error：错误报警，字节型；

C_Profile：输出当前执行的包络(轮廓)编号；

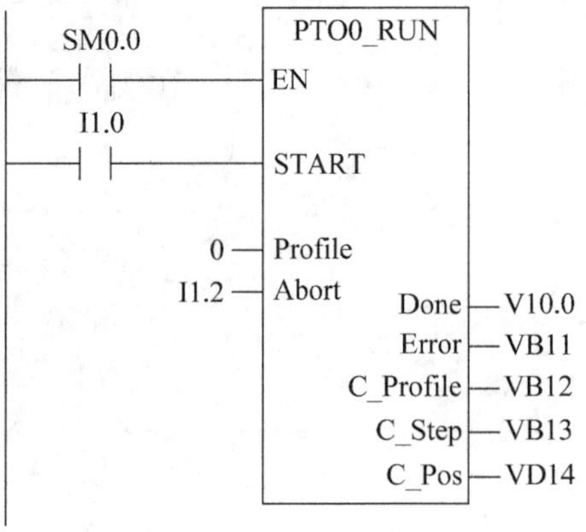

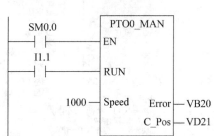

图 5-44 PTOx_RUN 子程序

C_Step：输出当前正在执行的轮廓步骤；

C_Pos：反馈当前脉冲数。

③ PTOx_MAN 子程序，用于手动控制脉冲输出，其格式如图 5-45 所示。

各端子说明如下：

EN：使能端，用于启用本模块；

RUN：运行/停止，布尔型输入，高电平一直运行，低电平停止。

Speed：设置速度参数值。

Error：错误报警，字节型；

C_Pos：反馈当前脉冲数。

图 5-45 PTOx_MAN 程序

四、课堂练习

完成立体仓库(7 号站)如下工作任务：

(1) 开机或按下复位键，立体仓库水平轴和竖直轴回零。

(2) 接收上位机启动信号，判断物料类型，放入相应库位，放完后各轴自动复位。

第一个：

白料→1 号库位；

蓝料→2 号库位；

金属→3 号库位。

(3) 每入库一次，机械手应手动复位一次。

基于工作任务分析，编写 7 号站 PLC 程序，PLC 程序主要采用位置控制向导生成的 PTO 子程序编写，参考程序如图 5-46 所示。

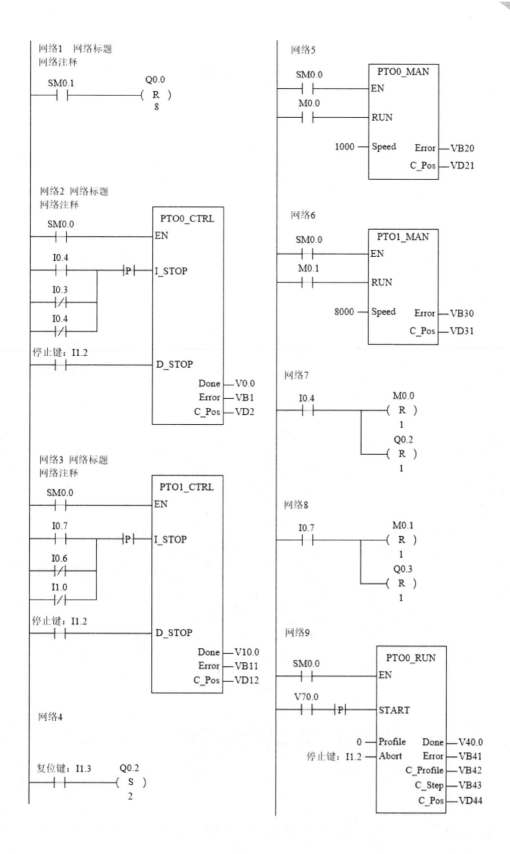

网络1 网络标题
网络注释

SM0.1   Q0.0
─┤ ├─   (R)
            8

网络2 网络标题
网络注释

                   PTO0_CTRL
SM0.0
─┤ ├──────────── EN

I0.4
─┤ ├──┤P├── I_STOP
I0.3
─┤/├
I0.4
─┤/├

停止键：I1.2
─┤ ├──────────── D_STOP

           Done ── V0.0
          Error ── VB1
         C_Pos ── VD2

网络3 网络标题
网络注释

                   PTO1_CTRL
SM0.0
─┤ ├──────────── EN

I0.7
─┤ ├──┤P├── I_STOP
I0.6
─┤/├
I1.0
─┤/├

停止键：I1.2
─┤ ├──────────── D_STOP

           Done ── V10.0
          Error ── VB11
         C_Pos ── VD12

网络4

复位键：I1.3   Q0.2
─┤ ├─   (S)
             2

网络5

                   PTO0_MAN
SM0.0
─┤ ├──────────── EN
M0.0
─┤ ├──────────── RUN

1000 ── Speed   Error ── VB20
               C_Pos ── VD21

网络6

                   PTO1_MAN
SM0.0
─┤ ├──────────── EN
M0.1
─┤ ├──────────── RUN

8000 ── Speed   Error ── VB30
               C_Pos ── VD31

网络7

I0.4   M0.0
─┤ ├────────── (R)
                 1
                 Q0.2
            (R)
                 1

网络8

I0.7   M0.1
─┤ ├────────── (R)
                 1
                 Q0.3
            (R)
                 1

网络9

                   PTO0_RUN
SM0.0
─┤ ├──────────── EN
V70.0
─┤ ├──┤P├── START

0 ── Profile   Done ── V40.0
停止键：I1.2 ── Abort   Error ── VB41
            C_Profile ── VB42
               C_Step ── VB43
                C_Pos ── VD44

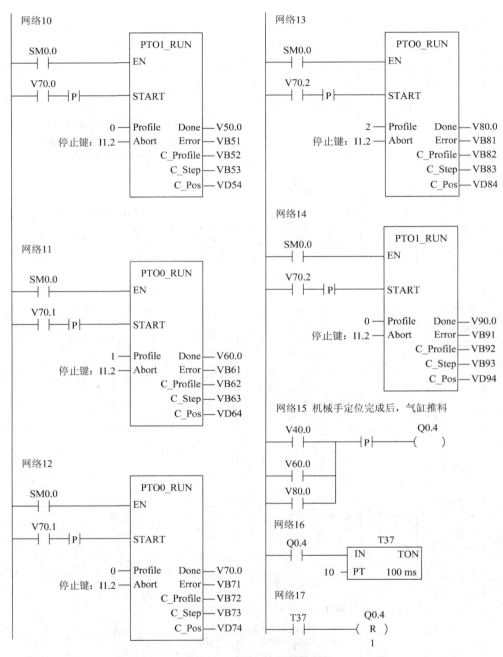

图 5-46 7 号站 PLC 参考程序

◇◇◇◇◇◇◇ **任务 5.8 机器人导轨站编程与调试** ◇◇◇◇◇◇◇

【任务目标】

独立完成天津龙洲 RB0105 柔性制造实训台机器人导轨的 PLC 编程及调试。

【学习内容】

掌握机器人导轨硬件组成、技术参数及工作任务，独立完成机器人导轨 S7-200 PLC 编程。

一、机器人导轨硬件组成及技术参数

1. 组成

机器人导轨在 PROFIBUS 通信网络中的地址设置为 8 号站，主要由行走机构、川崎工业机器人、手爪夹具等组成。导轨实物图如图 5-47 所示。

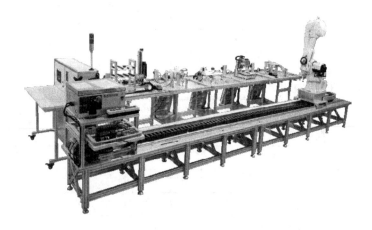

图 5-47　机器人导轨实物图

2. 技术参数

(1) 工业机器人：通用型；垂直多关节；6 轴；最大负载 10 kg；重复定位精度 ± 0.04 mm；最大覆盖范围 1450 mm；最大合成速度 11 800 mm/s；本体重量 150 kg；全数字伺服系统；AS 语言编程；8 MB(8000 步)容量；32 点输入、32 点输出；示教器各类线缆 5 m(标配)；工作电源三相 200～220 VAC ± 10%(50/60 Hz)/5.6 kVA；TFT 彩色液晶触摸屏、急停开关、示教锁定开关、握杆触发开关；外部接口 USB、以太网(100BASE-TX)、RS232C；控制柜重量 95 kg。

(2) 交流伺服电机：额定输出功率 1000 W；90 机座号；小惯量系列；额定转矩 3.18 N•m；额定转速 3000 r/m；额定相电流 4.65 A；编码器 2500P/R；无制动器；适配驱动器 GS0100A。

(3) 交流伺服驱动器：标准型；额定功率 1000 W；输入电压 220 VAC；增量式编码器 (A、B、Z、U、V、W 输出)；多种控制模式脉冲≤500 kp/s / 模拟电压 ± 10 V / 数字设定 / 混合模式等；六种脉冲输入方式；键盘及 LED 数码管显示；具有过压 / 过流 / 过载 / 失速 / 位置超差/ 编码器信号异常等报警保护功能。

(4) 行走机构：行程 4000 mm；铝型材框架；同步带轮传动结构；支撑光轴导向机构，双滑块；钢制机器人安装底座。

(5) CPU(224 CN)：CPU 224 DC/DC/DC；数字量输入点数 14；数字量输出点数 10；脉冲输出 2；1 个 RS485 通信接口；支持 PPI 主站/从站协议；支持 MPI 从站协议；支持自

由口协议；8 位模拟电位器数量 2；供电 24 VDC；尺寸 120 mm × 80 mm × 62 mm；S7-200 CN。

(6) Profibus DP 模块(EM277)：RS485 通信接口；支持 PROFIBUSDP 协议；站点地址可在模块上调节(0~99)；电缆最大长度 1200 m；供电 24 VDC；尺寸 71 mm × 80 mm × 62 mm；S7-200。

3. PLC I/O 地址分配

机器人导轨 PLC I/O 地址分配表如表 5-9 所示。

表 5-9　机器人导轨 PLC I/O 地址分配表

序号	名　称	输入信号	备　注
1	机器人输出对接信号 1	I0.0	接输出 1
2	机器人输出对接信号 2	I0.1	接输出 2
3	机器人回到第一原点	I0.2	在零点置位
4	机器人输出对接信号 3	I0.3	接输出 4
5	机器人输出对接信号 4	I0.4	接输出 5
6	行走机构伺服就绪	I0.5	
7	行走机构原点	I1.0	常开，接触时闭合
8	启动按钮	I1.1	
9	停止按钮	I1.2	
10	复位按钮	I1.3	
11	急停按钮	I1.4	
12	手自动旋钮	I1.5	
序号	名　称	输出信号	备　注
1	行走脉冲	Q0.0	发脉冲
2	行走方向	Q0.1	置位时，向零点方向运动
3	机器人马达开	Q0.2	置位时，开马达
4	机器人急停	Q0.3	置位时，解除急停
5	机器人运行/暂停	Q0.4	置位时，运行
6	机器人输入对接信号 1	Q0.5	接 1001
7	机器人输入对接信号 2	Q0.6	接 1002
8	机器人输入对接信号 3	Q0.7	接 1003
9	伺服使能	Q1.0	必须 ON

二、机器人导轨工作任务

导轨的工作任务是完成工业机器人的精确定位，实现机器人站间搬运、工件焊接、工件装配等功能。

三、课堂练习

完成机器人导轨(8 号站)如下工作任务：

(1) PLC 上电后，机器人导轨自动回零。

(2) 按下机器人启动键、停止键和复位键，控制机器人定位到 A、B、C 三个位置，如图 5-48 所示。

图 5-48　机器人导轨定位示意图

基于工作任务分析，编写 8 号站 PLC 程序，PLC 程序主要采用位置控制向导生成的 PTO 子程序编写，主程序参考示例程序如图 5-49 所示。

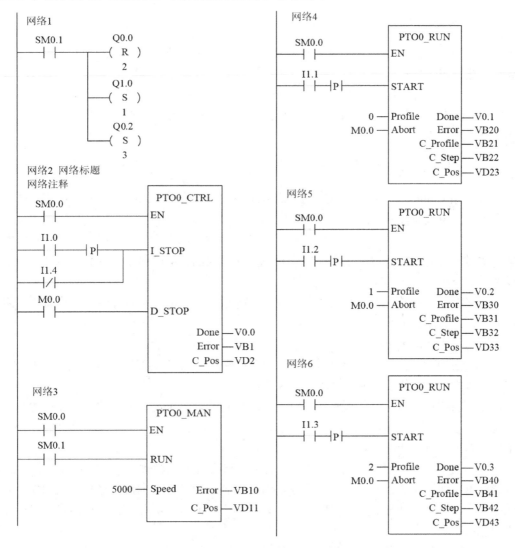

图 5-49　8 号站 PLC 参考程序

任务 5.9　触摸屏编程与调试

【任务目标】

了解触摸屏及组态技术基础知识，掌握昆仑通态 MCGS 触摸屏的组态编程及调试。

【学习内容】

学习 MCGS 触摸屏及组态技术基础知识，独立完成昆仑通态 MCGS 触摸屏的组态编程及调试。

一、组态技术简介

用户通过类似"搭积木"的简单方式来完成自己所需的软件功能，而不需要编写计算机程序。组态软件就称为"二次开发平台"。

常见组态软件有：德国西门子 WinCC，北京亚控组态王，北京昆仑通态 MCGS 等。天津龙洲 RB0105 实训台，在总控台位置安装昆仑通态 MCGS 触摸屏，本节主要介绍 MCGS 相关技术和应用。

二、MCGS 组态软件简介

MCGS(Monitor and Control Generated System)是一套基于 Windows 平台的、用于快速构造和生成上位机监控系统的组态软件系统。

MCGS 为用户提供了解决实际工程问题的完整方案和开发平台，能够完成现场数据采集、实时和历史数据处理、报警和安全机制、流程控制、动画显示、趋势曲线和报表输出以及企业监控网络等功能。

MCGS 具有操作简便、可视性好、可维护性强、高性能、高可靠性等突出特点。组态(Configuration)为模块化任意组合。

通用组态软件主要特点有：

(1) 延续性和可扩充性。当现场(包括硬件设备或系统结构)或用户需求发生改变时，不需作很多修改而方便地完成软件的更新和升级；

(2) 封装性(易学易用)。通用组态软件所能完成的功能都用一种方便用户使用的方法包装起来，不需掌握太多的编程语言技术(甚至不需要编程技术)，就能很好地完成一个复杂工程所要求的所有功能；

(3) 通用性，每个用户根据工程实际情况，利用通用组态软件提供的底层设备(PLC、智能仪表、智能模块、板卡、变频器等)的 I/O Driver、开放式的数据库和画面制作工具，就能完成一个具有动画效果、实时数据处理、历史数据和曲线并存、具有多媒体功能和网络功能的工程。

MCGS 软件系统包括组态环境和运行环境，其软件系统结构如图 5-50 所示。

图 5-50　MCGS 软件系统结构图

组态环境：相当于一套完整的工具软件，帮助用户设计和构造自己的应用系统；生成用户应用系统的工作环境。

运行环境：按照组态环境中构造的组态工程，以用户指定的方式运行，并进行各种处理，完成用户组态设计的目标和功能，是用户应用系统的运行环境。

MCGS 组态软件五大组成部分，如图 5-51 所示。

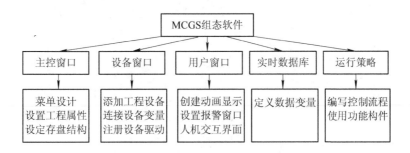

图 5-51　MCGS 组态软件组成图

三、MCGS 组态编程一般步骤

MCGS 组态编程一般步骤如图 5-52 所示。

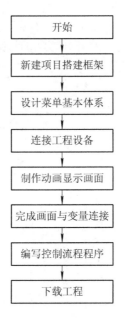

图 5-52　MCGS 组态编程一般步骤

四、课堂练习

组态编程，完成触摸屏对机器人导轨的控制。MCGS 组态画面如图 5-53 所示。

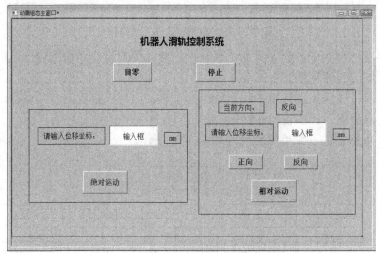

图 5-53　MCGS 组态画面

基于工作任务分析，按照一般组态步骤，编写组态程序。

◇◇◇◇◇◇ 习　题 ◇◇◇◇◇◇

1. 柔性制造生产线定义是什么？
2. 简述柔性制造生产线的一般组成。
3. 简述 S7-200 PLC 输出高速脉冲的方法有哪些。
4. 论述 S7-200 PLC 输出高速脉冲各种方法的特点。
5. 简述 S7-200 PLC 硬件组态步骤。
6. 简述 S7-200 PLC 常见通信方法。

模块六　工业机器人与自动化生产线集成

(天津龙洲 RB0105 实训台)

【模块目标】

掌握工业机器人与自动化生产线集成相关技术，包含工业机器人技术、PLC 编程技术、通信技术等知识；熟练掌握工业机器人与实训台各工作子站集成的 PLC 编程与调试技能。

【实训设备】

川崎 RS10N 工业机器人、天津龙洲 RB0105 实训台。

◇◇◇ **任务 6.1　工业机器人与供料检测站系统集成编程与调试** ◇◇◇

【任务目标】

掌握工业机器人与供料检测系统集成的相关编程与调试。

【学习内容】

一、方案设计

(1) 模式设置，可通过供料检测站的手自动切换按钮实现模式设置。当设置手动状态时，只可实现单站控制；当设置自动状态时，可实现远程控制。

(2) 单站控制，当供料检测站的手自动切换按钮处于手动状态时，可实现供料检测站单站操作控制。

(3) 远程控制，当供料检测站的手自动切换按钮处于自动状态时，可从总控站实现对供料检测站的启动、停止、复位、急停等操作，达到供料检测站、工业机器人、滑轨分站、总控站的联动。

(4) 远程监测，可从总控站上位机实现对供料检测站的状态监测。

二、控制要求

(1) 通过供料检测站的手自动切换按钮的切换，可分别实现供料检测单站和子系统控制。

(2) 实现远程控制，即通过上位机或总控站控制供料检测站、工业机器人、滑轨分站、总控站的联动，实现启动、停止、复位、急停等操作。

(3) 总控站和供料检测站急停按钮均可实现系统的急停。

(4) 实现物料的出库控制，并对物料的材质、颜色进行判别。

(5) 在子系统联动中，对于特定物料，通过工业机器人可实现物料的搬运，从出库 A 点搬运到指定 B 点。

三、I/O 分配表及 DP 信号对接

1. I/O 分配表

表 6-1、表 6-2 分别为总控站、供料检测站的 I/O 地址分配表。

表 6-1　总控站 I/O 地址分配表

序号	名　　称	I/O	备　　注	通信地址
1	启动按钮	I0.0	输入	本站地址:2
2	停止按钮	I0.1		
3	复位按钮	I0.2		
4	急停按钮	I0.3		
1	绿灯	Q0.0	输出	
2	红灯	Q0.1		
3	黄灯	Q0.2		
4	运行指示灯(绿)	Q0.3		
5	停止指示灯(红)	Q0.4		

表 6-2　供料检测站 I/O 地址分配表

序号	名　　称	I/O	备　　注	通信地址
1	颜色检测	I0.0	输入	本站地址:3
2	物料检测	I0.1		
3	材质检测	I0.2		
4	货台上升检测	I0.3		
5	货台下降检测	I0.4		
6	启动按钮	I1.1		
7	停止按钮	I1.2		
8	复位按钮	I1.3		
9	急停按钮	I1.4		
10	手自动旋钮	I1.5		

序号	名　　称	I/O	备　　注	通信地址
1	料盘电机	Q0.0		
2	货台升降电磁阀	Q0.1	输出	
3	蜂鸣器	Q1.1		

2. DP 信号对接

RB0105 工业机器人实训系统采用 SIMATIC S7-300 系列 PLC 作总控，由多个 S7-200 系列 PLC 作为分站，由分站控制各站的执行元件，总控站通过 PROFIBUS 总线对各个分站和各执行元件进行变量的连接和控制。

在实现供料检测站、工业机器人、导轨、总控站的联动过程中，各分站点信号(工业机器人信号与滑轨分站信号通过硬接线方式连接)需要通过总控站进行变量的交互，以实现系统的联动，通信架构图如图 6-1 所示。

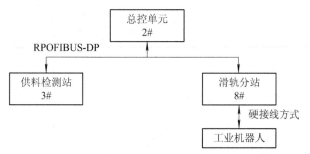

图 6-1　通信架构图

根据通信字节数，选择一种通信方式，本例中选择了 2 字节输入/2 字节输出的方式(在实际设备中根据输入输出点数的多少不一样，选择的通信字节数不一致，有 2 字节输入/2 字节输出和 4 字节输入/4 字节输出等。如图 6-2 所示，点开 EM 277 PROFIBUS-DP\选中 2 Bytes Out/2 Bytes In，并将其拖入左下面的槽中，分配其 I/O 地址，双击此槽。

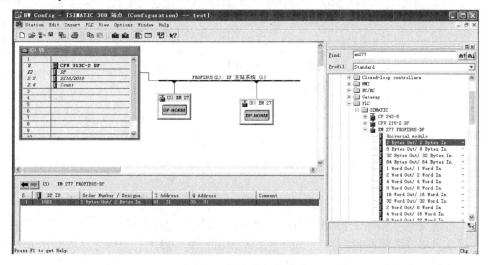

图 6-2　通信字节数设置

首先，通过 PLC_300 设置总控站与各个分站之间通信的变量地址，规定供料检测站与总控站通信使用地址为 V30.0～V33.7，滑轨分站与总控站通信使用地址为 V80.0～V83.7，详细通信地址分配如表 6-3 所示，DP 信号对接如表 6-4 所示。

表 6-3　通信地址分配表

	主站→分站	主站←分站
供料检测站	Q30.0～Q31.7→V30.0～V31.7	I30.0～I31.7←V32.0～V33.7
滑轨分站	Q80.0～Q81.7→V80.0～V81.7	I80.0～I81.7←V82.0～V83.7

表 6-4　DP 信号对接表

总控站→供料分站		总控站←供料分站	
Q30.0→V30.0	主站按启动，PLC_300 发信号给供料站	I30.0←V32.0	供料站出料完成，发信号给 PLC_300
Q30.1→V30.1	上位机停止	I30.1←V32.1	白料
Q30.2→V30.2	上位机复位	I30.2←V32.2	金属料
Q30.3→V30.3	上位机急停	I30.3←V32.3	蓝料
Q30.4→V30.4	上位机循环出料		
Q30.5→V30.5	机器人在供料站取料完成，供料站开始复位		
总控站→滑轨分站		总控站←滑轨分站	
Q80.4→V80.4	供料站出料完成 V32.0(I30.0)	I80.0←V82.0	机器人在供料站取料完成，供料站气缸复位 V30.5(Q30.5)
滑轨分站→工业机器人		滑轨分站←工业机器人	
Q0.5→1001	供料站出料完成，信号经过 PLC_300 后发给滑轨，滑轨再发给机器人，机器人开始取料	I0.0←1	机器人在供料站取料完成，发信号给滑轨
Q0.6→1002	机器人在供料站取料完成，发信号给滑轨；滑轨开始移动，移动到位后发信号给机器人	I0.1←2	机器人接到滑轨移动到位信号后开始放料，放料完成后发信号给滑轨

四、PLC 程序分析

1. 结构分析

本系统采用主程序、子程序架构。结合设计方案和控制要求，本系统共采用"初始化"、"自动"、"手动"、"物料判别"等四个子程序和一个主程序。主程序结构如图 6-3 所示。

当系统初始通电或对系统进行停止、急停、复位等操作时，调用"初始化"子程序，其主要是对程序中所有的信号进行初始化处理，防止程序中断后出现变量值紊乱；当供料检测站的手自动切换按钮处于自动挡时，按启动按钮，系统自行调用"自动"子程序，由供料检测站、工业机器人、滑轨分站、总控站等组成的系统处于自动运行；当供料检测站的手自动切换按钮处于手动挡时，按启动按钮，系统自行调用"手动"子程序，其只能实现供料检测站的启停操作；"物料判别"子程序主要通过传感器对供料检测站的物料进行材质、颜色的识别。

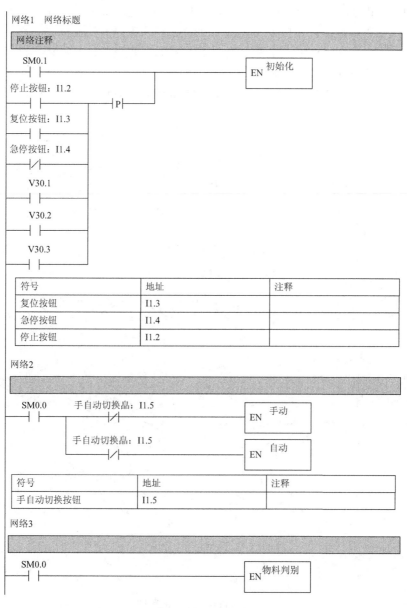

图 6-3　主程序结构

2. 流程分析

首先，供料检测站开始复位(输出均不得电)，滑轨分站开始在原点，工业机器人程序运行,并等待启动信号;按下总控台"启动按钮",经PLC_300将启动信号通过PROFIBUS-DP传递给供料检测站 PLC_200,供料检测站得到启动信号后开始运行,物料出库;出库完成后,供料检测站将出库完成标志位通过 PROFIBUS-DP 传递给 PLC_300,PLC_300 得到出库完成标志位后经 PROFIBUS-DP 传递给滑轨分站 PLC_200,滑轨分站 PLC_200 将此出库完成标志位传递给工业机器人;工业机器人由等待转入运行,在供料检测站出库口 A 点取料完成后,工业机器人通过 ROBOT OUT(1)输出信号给滑轨分站 I0.0,滑轨分站通过 PROFIBUS-DP 将取料完成信号传递给总控站 PLC_300,总控站 PLC_300 通过 PROFIBUS-DP 传递给供料检测站 PLC_200,供料检测站开始复位,同时,滑轨分站得到取料完成信号后移动 25000 脉冲;机器人得到滑轨行走到位信号后将物料放置在某一固定 B 点,并将放料完成信号 ROBOT OUT(2)传递给滑轨,滑轨将放料完成信号通过 PROFIBUS-DP 传递给 PLC_300,机器人返回 HOME 点。供料检测站具体程序流程图如图 6-4 所示。

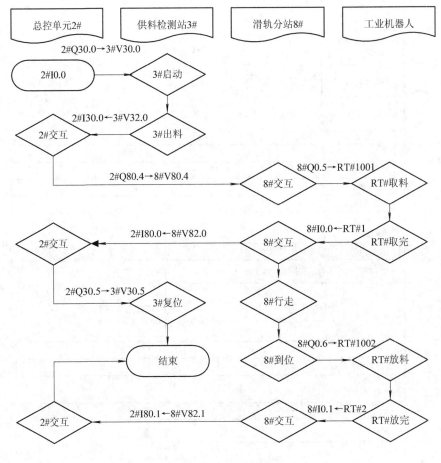

图 6-4　程序流程图

五、工业机器人程序及分析

工业机器人供料检测站的程序与分析如表 6-5 所示。

表 6-5 工业机器人供料检测站程序与分析

程　　　序	注　　　释
工业机器人主程序	
Main	；主程序名称
RESET	；信号清零
OPENI	；1 号夹具立即打开
SPEED 50	；设置速度为 50%，单次有效
HOME	；机器人回零
WHILE SIG(-3) DO	；当输出 3 号口不得电，一直执行
PRINT 2:"NO HOME"	；输出显示"NO HOME"
PAUSE	；暂停
END	；WHILE 语句结束
SWAIT 1001	；等待输入 1 号端口信号
CALL Quliao3	；调用子程序
PULSE 1, 2	；输出 1 号端口得电 2 秒钟
SWAIT 1002	；等待输入 2 号端口信号
CALL Fangliao4	；调用子程序
PULSE 2, 2	；输出 2 号端口得电 2 秒
SPEED 50	；设置速度为 50%，单次有效
HOME	；机器人回零
子程序，供料检测站取工件	；供料站取料，p0 关节 1 转动，p1 抓手水平，p3 工件上方 100，p2 工件位置
Quliao3	；子程序名称
JMOVE p0	；关节插补到目标 p0 位姿
JMOVE p1	；关节插补到目标 p1 位姿
POINT p3 = SHIFT(p2　BY 0, 0, 100)	；p2 位姿沿 Z 轴坐标增加 100 mm 赋值给 p3
LMOVE p3	；直线插补到目标 p3 位姿
SPEED 20	；设置速度为 20%，单次有效
LMOVE p2	；直线插补到目标 p2 位姿
TWAIT 0.5	；等待 0.5 秒
CLOSEI	；1 号夹具立即关闭
TWAIT 0.5	；等待 0.5 秒
LMOVE p3	；直线插补到目标 p3 位姿
SPEED 50	；设置速度为 50%，单次有效
LMOVE p1	；直线插补到目标 p1 位姿

程 序	注 释
JMOVE p0	；关节插补到目标 p0 位姿
HOME	；机器人回零
RETURN	；子程序结束，返回主程序
子程序，模拟加工站放工件	；加工站放料，p4 关节 1 转动，p5 抓手水平，p7 工件上方 100，p6 工件位置
Fangliao4	；子程序名称
JMOVE p4	；关节插补到目标 p4 位姿
JMOVE p5	；关节插补到目标 p5 位姿
POINT p7 = SHIFT(p6 BY 0, 0, 100)	；p6 位姿沿 Z 轴坐标增加 100 mm 赋值给 p7
LMOVE p7	；直线插补到目标 p7 位姿
SPEED 20	；设置速度为 20%，单次有效
LMOVE p6	；直线插补到目标 p6 位姿
TWAIT 0.5	；等待 0.5 秒
OPENI	；1 号夹具立即打开
TWAIT 0.5	；等待 0.5 秒
LMOVE p7	；直线插补到目标 p7 位姿
SPEED 50	；设置速度为 50%，单次有效
LMOVE p5	；直线插补到目标 p5 位姿
JMOVE p4	；关节插补到目标 p4 位姿
HOME	；机器人回零
RETURN	；子程序结束，返回主程序

◇◇◇ 任务 6.2 工业机器人与模拟加工站系统集成编程与调试 ◇◇◇

【任务目标】

掌握工业机器人与模拟加工站集成的相关编程与调试。

【学习内容】

一、方案设计

(1) 模式设置，可通过模拟加工站的手自动切换按钮实现模式设置。当设置手动状态时，只可实现单站控制；当设置自动状态时，可实现远程控制。

(2) 单站控制，当模拟加工站的手自动切换按钮处于手动状态时，可实现模拟加工站单站操作控制。

(3) 远程控制，当模拟加工站的手自动切换按钮处于自动状态时，可从总控站实现对模拟加工站的启动、停止、复位、急停等操作，达到模拟加工站、工业机器人、滑轨分站、总控站的联动。

(4) 远程监测，可从总控站上位机实现对模拟加工站的状态监测。

二、控制要求

(1) 通过模拟加工站的手自动切换按钮的切换，可分别实现模拟加工单站和子系统控制。

(2) 实现远程控制，即通过上位机或总控站控制模拟加工站、工业机器人、滑轨分站、总控站的联动，实现启动、停止、复位、急停等操作。

(3) 总控站和模拟加工站急停按钮均可实现系统的急停。

(4) 通过脉冲当量的改变、运动方向的设定实现模拟加工站 X/Y 两轴的正反转控制；通过方向的改变实现 Z 轴的正反转控制。

(5) 在子系统联动中，通过工业机器人可实现物料的搬运，从加工位置 A 点搬运到指定 B 点。

三、I/O 分配表及 DP 信号对接

1. I/O 分配表

模拟加工站的 I/O 地址分配表如表 6-6 所示。

表 6-6　模拟加工站 I/O 地址分配表

序号	名　　称	I/O	备　　注	通信地址
1	Y 轴后限位	I0.0		
2	Y 轴原点	I0.1		
3	Y 轴前限位	I0.2		
4	X 轴左限位	I0.3		
5	X 轴原点	I0.4		
6	X 轴右限位	I0.5		
7	气缸缩回检测	I0.6	输入	本站地址:4
8	Z 轴原点	I0.7		
9	气缸伸出检测	I1.0		
10	启动按钮	I1.1		
11	停止按钮	I1.2		
12	复位按钮	I1.3		
13	急停按钮	I1.4		
14	手自动旋钮	I1.5		

序号	名　　称	I/O	备　　注	通信地址
1	X轴脉冲	Q0.0		
2	Y轴脉冲	Q0.1		
3	X轴方向	Q0.2		
4	Y轴方向	Q0.3		
5	Z轴正转	Q0.4	输出	
6	Z轴反转	Q0.5		
7	主轴电机	Q0.6		
8	气缸	Q0.7		

2．DP 信号对接

在实现模拟加工站、工业机器人、导轨、总控站的联动过程中，各分站点信号(工业机器人信号与滑轨分站信号通过硬接线方式连接)需要通过总控站进行变量的交互，以实现系统的联动，通信架构图如图 6-5 所示。

根据通信字节数，选择一种通信方式，本例中选择了2字节输入/2字节输出的方式(在实际设备中根据输入输出点数的多少不一样，选择的通信字节数不一致，有2字节输入/2字节输出和4字节输入/4字节输出等。如图 6-6 所示，点开 EM 277 PROFIBUS-DP \ 选中 2 Bytes Out/2 Bytes In，并将其拖入左下面的槽中，分配其 I/O 地址，双击此槽。

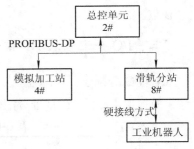

图 6-5　通信架构图

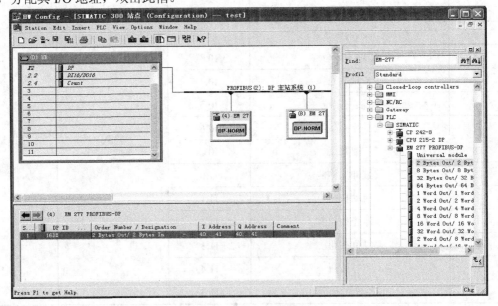

图 6-6　通信字节数设置

首先，通过 PLC_300 设置总控站与各个分站之间通信的变量地址，规定模拟加工站与总控站通信使用地址为 V40.0～V43.7，滑轨分站与总控站通信使用地址为 V80.0～V83.7，详细通信地址分配如表 6-7 所示，DP 信号对接如表 6-8 所示。

表 6-7　通信地址分配表

	主站→分站	主站←分站
模拟加工站	Q40.0～Q41.7→V40.0～V41.7	I40.0～I41.7←V42.0～V43.7
滑轨分站	Q80.0～Q81.7→V80.0～V81.7	I80.0～I81.7←V82.0～V83.7

表 6-8　DP 信号对接表

总控站→模拟加工分站		总控站←模拟加工分站	
Q40.0→V40.0	主站按启动，PLC_300 发信号给加工站	I40.0←V42.0	加工站加工完成，发信号给 PLC_300
Q40.1→V40.1	上位机停止		
Q40.2→V40.2	上位机复位		
Q40.3→V40.3	上位机急停		
Q40.4→V40.4	机器人在加工站放料完成，开始加工		
Q40.5→V40.5	加工站完成，开始复位		
总控站→滑轨分站		总控站←滑轨分站	
Q80.5→V80.5	加工完成，信号经过 PLC_300C 后发给滑轨，由滑轨再发给机器人 V42.0(I40.0)	I80.2←V82.2	机器人在加工站取料完成，通过滑轨发信号给 PLC_300 V40.5(Q40.5)
滑轨分站→工业机器人		滑轨分站←工业机器人	
Q0.5→1001	加工完成，信号经过 PLC_300 后发给滑轨，滑轨再发给机器人，机器人开始取料	I0.0←1	机器人在加工站取料完成，发信号给滑轨
Q0.6→1002	机器人在加工站取料完成，发信号给滑轨；滑轨开始移动，移动到位后发信号给机器人	I0.1←2	机器人接到滑轨移动到位信号后开始放料，放料完成后发信号给滑轨

四、PLC 程序分析

1. 结构分析

本系统采用主程序、子程序架构。结合设计方案和控制要求，本系统共采用"初始化"、

"自动"、"手动"、"复位"、"OUT_0"、"OUT_1"等六个子程序，"INT_0"、"INT_1"两个中断事件和一个主程序。主程序结构如图6-7所示。

当系统初始通电或对系统进行停止、急停等操作时，调用"初始化"子程序，其主要是对程序中所有的信号进行初始化处理，防止程序中断后出现变量值紊乱；当模拟加工站的手自动切换按钮处于自动挡时，按启动按钮，系统自行调用"自动"子程序，模拟加工站、工业机器人、滑轨分站、总控站等组成的子系统处于自动运行；当模拟加工站的手自动切换按钮处于手动挡时，按启动按钮，系统自行调用"手动"子程序，其只能实现模拟加工站的单站操作；"复位"子程序主要对模拟加工站 X/Y/Z 三轴复位，使其回到初始位置；"OUT_0"是高速脉冲串输出 PTO 发送 X 轴脉冲的子程序；"OUT_1"是高速脉冲串输出 PTO 发送 Y 轴脉冲的子程序；"INT_0"是 X 轴脉冲输出完成产生的 19 号中断事件；"INT_1"是 Y 轴脉冲输出完成产生的 20 号中断事件。

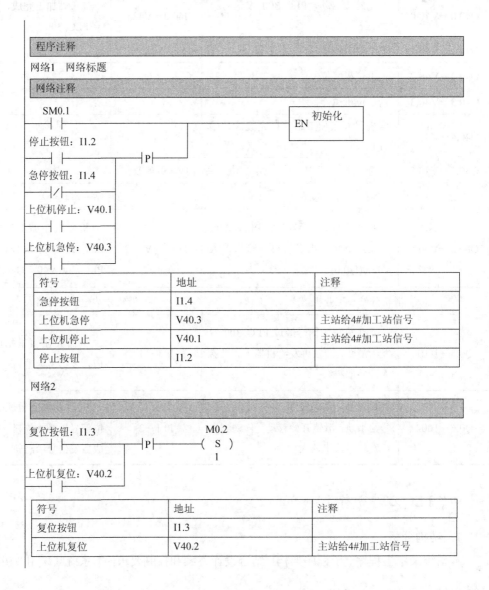

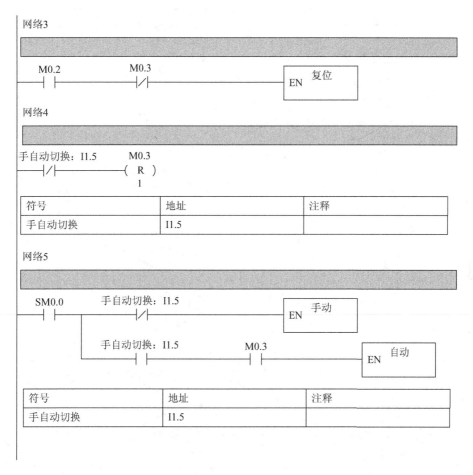

图 6-7 主程序结构

2. 流程分析

首先，模拟加工站已处于复位状态，滑轨分站处在模拟加工站位置，工业机器人程序运行，并等待启动信号；按下总控台"启动按钮"，经 PLC_300 将启动信号通过 PROFIBUS-DP 传递给模拟加工站 PLC_200，模拟加工站得到启动信号后开始加工，加工完成后，模拟加工站将加工完成标志位通过 PROFIBUS-DP 传递给 PLC_300，PLC_300 得到加工完成标志位后经 PROFIBUS-DP 传递给滑轨分站 PLC_200，滑轨分站 PLC_200 将此加工完成标志位传递给工业机器人；工业机器人由等待转入运行，在模拟加工站的某一固定 A 点取料完成后，工业机器人将 ROBOT OUT(1)输出信号传递给滑轨分站 I0.0，滑轨分站通过 PROFIBUS-DP 将取料完成信号传递给总控站 PLC_300，总控站 PLC_300 通过 PROFIBUS-DP 传递给模拟加工站 PLC_200，模拟加工开始复位，同时，滑轨分站得到取料完成信号后移动 25000 脉冲；工业机器人得到滑轨行走到位信号后将物料放置在某一固定 B 点，并将放料完成信号 ROBOT OUT(2)传递给滑轨，滑轨将放料完成信号通过 PROFIBUS-DP 传递给 PLC_300，机器人返回 HOME 点。模拟加工站具体程序流程图如图 6-8 所示。

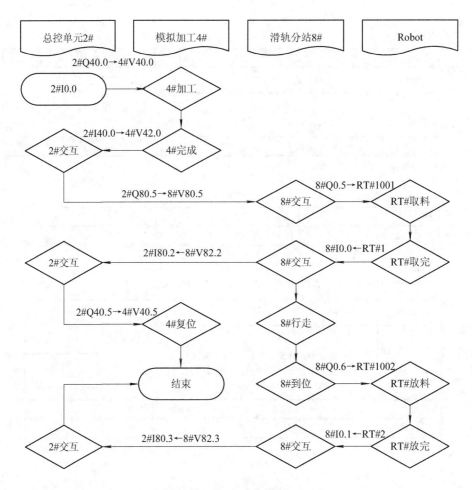

图 6-8　程序流程图

五、工业机器人程序及分析

工业机器人模拟加工站的程序及分析如表 6-9 所示。

表 6-9　工业机器人模拟加工站程序及分析

程　　序	注　　释
工业机器人主程序	
Main	；主程序名称
RESET	；信号清零
OPENI	；1 号夹具立即打开
SPEED 50	；设置速度为 50%，单次有效
HOME	；机器人回零
WHILE SIG(-3) DO	；当输出 3 号口不得电，一直执行
PRINT 2:"NO HOME"	；输出显示"NO HOME"

程　　序	注　　释
PAUSE	；暂停
END	；WHILE 语句结束
SWAIT 1001	；等待输入 1 号端口信号
CALL Quliao4	；调用子程序
PULSE 1, 2	；输出 1 号端口得电 2 秒钟
SWAIT 1002	；等待输入 2 号端口信号
CALL Fangliao5	；调用子程序
PULSE 2, 2	；输出 2 号端口得电 2 秒
SPEED 50	；设置速度为 50%，单次有效
HOME	；机器人回零
子程序，模拟加工站取工件	；加工站取料，p4 关节 1 转动，p5 抓手水平，p7 工件上方 100，p6 工件位置
Quliao4	；子程序名称
JMOVE p4	；关节插补到目标 p4 位姿
JMOVE p5	；关节插补到目标 p5 位姿
POINT p7 = shift(p6　BY 0, 0, 100)	；p6 位姿沿 Z 轴坐标增加 100 mm 赋值给 p7
LMOVE p7	；直线插补到目标 p7 位姿
SPEED 20	；设置速度为 20%，单次有效
LMOVE p6	；直线插补到目标 p6 位姿
TWAIT 0.5	；等待 0.5 秒
OPENI	；1 号夹具立即打开
TWAIT 0.5	；等待 0.5 秒
LMOVE p7	；直线插补到目标 p7 位姿
SPEED 50	；设置速度为 50%，单次有效
LMOVE p5	；直线插补到目标 p5 位姿
JMOVE p4	；关节插补到目标 p4 位姿
HOME	；机器人回零
RETURN	；子程序结束，返回主程序
子程序，模拟焊接站放工件	；焊接站放料，p8 关节 1 转动，p9 抓手侧向，p10 焊接抓手右侧，p11 焊接抓手位置
Fangliao5	；子程序名称
JMOVE p8	；关节插补到目标 p8 位姿

程　　　序	注　　　释
JMOVE p9	；关节插补到目标 p9 位姿
SPEED 10	；设置速度为 10%，单次有效
LMOVE p10	；直线插补到目标 p10 位姿
LMOVE p11	；直线插补到目标 p11 位姿
RETURN	；子程序结束，返回主程序

◇◇◇ 任务 6.3　工业机器人与模拟焊接站系统集成编程与调试 ◇◇◇

【任务目标】

掌握工业机器人与模拟焊接站集成的相关编程与调试。

【学习内容】

一、方案设计

(1) 模式设置，可通过模拟焊接站的手自动切换按钮实现模式设置。当设置手动状态时，只可实现单站控制；当设置自动状态时，可实现远程控制。

(2) 单站控制，当模拟焊接站的手自动切换按钮处于手动状态时，可实现模拟焊接站单站操作控制。

(3) 远程控制，当模拟焊接站的手自动切换按钮处于自动状态时，可从总控站实现对模拟焊接站的启动、停止、复位、急停等操作，达到模拟焊接站、工业机器人、滑轨分站、总控站的联动。

(4) 远程监测，可从总控站上位机实现对模拟焊接站的状态监测。

二、控制要求

(1) 通过模拟焊接分站手自动切换按钮的切换，可分别实现模拟焊接单站和子系统控制。

(2) 实现远程控制，即通过上位机或总控站控制模拟焊接站、工业机器人、滑轨分站、总控站的联动，实现启动、停止、复位、急停等操作。

(3) 总控站和模拟焊接分站的急停按钮均可实现系统的急停。

(4) 在子系统联动中，通过模拟焊接分站与工业机器人动作的配合实现工业机器人夹具的切换功能。

(5) 在子系统联动中，通过工业机器人可实现物料的搬运，从焊接 A 点搬运到指定 B 点。

三、I/O 分配表及 DP 信号对接

1. I/O 分配表

模拟焊接站的 I/O 地址分配表如表 6-10 所示。

表 6-10　模拟焊接站 I/O 地址分配表

序号	名　称	I/O	备　注	通信地址
1	夹爪轴原点	I0.0		
2	夹爪松开检测	I0.1		
3	夹爪加紧检测	I0.2		
4	对接至位检测	I0.3		
5	对接复位检测	I0.4	输入	
6	启动按钮	I1.1		
7	停止按钮	I1.2		本站地址:5
8	复位按钮	I1.3		
9	急停按钮	I1.4		
10	手自动旋钮	I1.5		
1	夹爪轴脉冲	Q0.0		
2	夹爪轴方向	Q0.1	输出	
3	夹爪电磁阀	Q0.2		
4	对接电磁阀	Q0.3		

2. DP 信号对接

在实现模拟焊接站、工业机器人、导轨、总控站的联动过程中，各分站点信号(工业机器人信号与滑轨分站信号通过硬接线方式连接)需要通过总控站进行变量的交互，以实现系统的联动，通信架构图如图 6-9 所示。

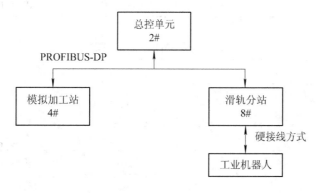

图 6-9　通信架构图

根据通信字节数，选择一种通信方式，本例中选择了 2 字节输入/2 字节输出的方式(在实际设备中根据输入输出点数的多少不一样，选择的通信字节数不一致，有 2 字节输入/2 字节输出和 4 字节输入/4 字节输出等。如图 6-10 所示，点开 EM 277 PROFIBUS-DP \选中 2 Bytes Out/2 Bytes In，并将其拖入左下面的槽中，分配其 I/O 地址，双击此槽。

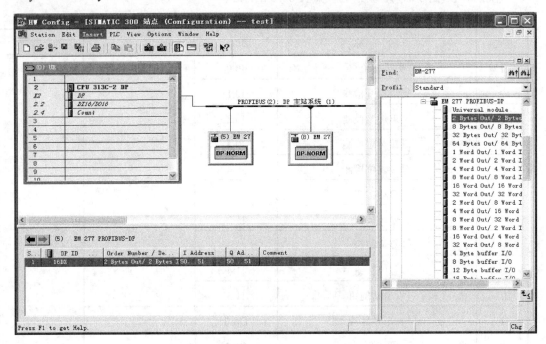

图 6-10　通信字节数设置

首先，通过 PLC_300 设置总控站与各个分站之间通信的变量地址，规定模拟焊接站与总控站通信使用地址为 V50.0～V53.7，滑轨分站与总控站通信使用地址为 V80.0～V83.7，详细通信地址分配如表 6-11 所示，DP 信号对接如表 6-12 所示。

表 6-11　通信地址分配

	主站→分站	主站←分站
模拟焊接站	Q50.0～Q51.7→V50.0～V51.7	I50.0～I51.7←V52.0～V53.7
滑轨分站	Q80.0～Q81.7→V80.0～V81.7	I80.0～I81.7←V82.0～V83.7

表 6-12　DP 信号对接表

总控站→模拟焊接分站		总控站←模拟焊接分站	
Q50.0→V50.0	主站按启动，PLC_300 发信号给焊接站	I50.0←V52.0	机器人退走，换焊枪，到焊接点
Q50.1→V50.1	上位机停止	I50.1←V52.1	机器人退走，换夹具
Q50.2→V50.2	上位机复位	I50.2←V52.2	机器人取料，并夹住工件
Q50.3→V50.3	上位机急停	I50.3←V52.3	焊接站夹手已松开,机器人退走信号

总控站→模拟焊接分站		总控站←模拟焊接分站	
Q50.4→V50.4	焊接抓手开始夹紧动作		
Q50.5→V50.5	焊接工件开始对接动作		
Q50.6→V50.6	焊接抓手开始松开动作		
Q50.7→V50.7	焊接站完成，开始复位		
总控站→滑轨分站		总控站←滑轨分站	
Q80.6→V80.6	焊接站抓手已夹住　V52.0 (I50.0)	I80.3←V82.3	滑轨行走到焊接站,放置工件，焊接站抓手夹紧　V50.4 (Q50.4)
Q80.7→V80.7	焊接站旋转完成　V52.1(I50.1)	I80.4←V82.4	焊接站工件对接 V50.5(Q50.5)
Q81.0→V81.0	焊接站对接气缸复位，机器人可以来取料　V52.2(I50.2)	I80.5←V82.5	焊接站抓手松开　V50.6 (Q50.6)
Q80.6→V80.6	焊接站抓手已夹住　V52.0 (I50.0)	I80.6←V82.6	机器人在焊接站取料完成，焊接站复位 V50.7(Q50.7)
Q80.7→V80.7	焊接站旋转完成　V52.1(I50.1)		
Q81.0→V81.0	焊接站对接气缸复位，机器人可以来取料　V52.2(I50.2)		
Q81.1→V81.1	焊接站抓手已松开　V52.3 (I50.3)		
滑轨分站→工业机器人		滑轨分站←工业机器人	
Q0.5→1001	机器人开始取料	I0.0←1	1. 换夹具完成； 2. 取工件完成； 3. 机器人退走完成
Q0.6→1002	1. 工件夹紧完成，换焊枪； 2. 机器人退走	I0.1←2	1. 放置工件完成； 2. 换焊枪完成
Q0.7→1003	焊接完成，换夹具		

四、PLC 程序分析

1．结构分析

本系统采用主程序、子程序架构。结合设计方案和控制要求，本系统共采用"初始化"、"自动"、"手动"、"OUT_0"、"复位"等五个子程序，"INT_0"一个中断子程序和一个主程序。主程序结构如图 6-11 所示。

当系统初始通电或对系统进行停止、急停等操作时，调用"初始化"子程序，其主要是对程序中所有的信号进行初始化处理，防止程序中断后出现变量值紊乱；当模拟焊接站的手自动切换按钮处于自动挡时，按启动按钮，系统自行调用"自动"子程序，模拟焊接站、工业机器人、滑轨分站、总控站等组成的子系统处于自动运行；当模拟焊接站的手自动切换按钮处于手动挡时，按启动按钮，系统自行调用"手动"子程序，其只能实现模拟焊接站的单站操作；"复位"子程序主要对模拟焊接站抓手的复位操作，使其回到初始位置；"OUT_0"是高速脉冲串输出 PTO 发送 X 轴脉冲的子程序；"INT_0"是 X 轴脉冲输出完成产生的 19 号中断事件。

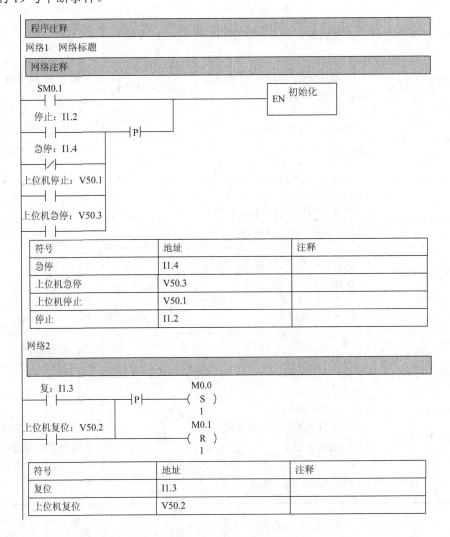

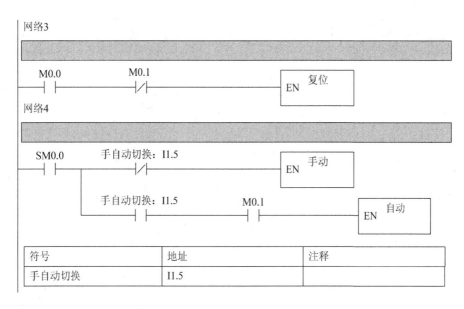

图 6-11　主程序结构

2．流程分析

首先，模拟焊接站已处于复位状态，滑轨分站处在模拟焊接站位置。按下总控台"启动按钮"，经 PLC_300 将启动信号通过 PROFIBUS-DP 传递给滑轨分站，滑轨分站将启动信号传递给工业机器人，工业机器人启动运行在某一固定 A 点取料并将其放置在焊接 B 点；工业机器人将放置完成信号传递给滑轨，滑轨将放料完成信号通过 PROFIBUS-DP 传递给 PLC_300，模拟焊接站得到此信号后开始启动运行，模拟焊接站的抓手开始夹紧；模拟焊接站将夹紧信号通过 PROFIBUS-DP 传递给 PLC_300，PLC_300 将夹紧信号传递给滑轨分站，滑轨分站将此夹紧信号传递给工业机器人，工业机器人将得到夹紧信号后更换焊枪并移动到焊接位置；滑轨分站得到更换焊枪完成信号后，通过 PROFIBUS-DP 将此信号传递给 PLC_300，PLC_300 将更换焊枪完成信号传递给模拟焊接站，模拟焊接站得到此信号后开始工件的对接，对接完成后模拟焊接站的抓手开始旋转(实现焊接)；PLC_300 通过 PROFIBUS-DP 得到焊接完成信号，并传递给滑轨分站，滑轨分站将此焊接完成信号传递给工业机器人，工业机器人得到焊接完成信号后开始更换夹具；滑轨分站得到更换夹具完成信号后将此信号通过 PROFIBUS-DP 传递给 PLC_300，PLC_300 传递给模拟焊接站，模拟焊接站得到更换夹具完成信号后其对接气缸开始复位；PLC_300 通过 PROFIBUS-DP 得到气缸复位完成信号，PLC_300 将此信号传递给滑轨分站，滑轨分站将气缸开始复位完成信号传递给工业机器人，工业机器人得到气缸开始复位完成信号后取料并夹住工件；滑轨分站得到夹住工件信号后，将此信号通过 PROFIBUS-DP 传递给 PLC_300，PLC_300 传递给模拟焊接站，模拟焊接站得到此信号后抓手松开；PLC_300 通过 PROFIBUS-DP 得到抓手松开完成信号，PLC_300 将此信号传递给滑轨分站，滑轨分站将此信号传递给工业机器人，机器人退走，取料完成；滑轨分站得到取料完成信号后开始行走 25000 脉冲后停止，如图 6-12 所示。

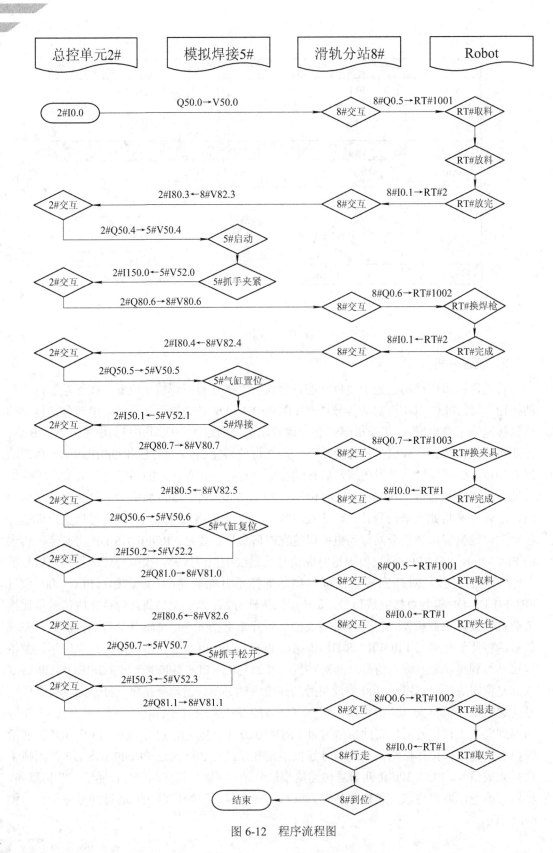

图 6-12　程序流程图

五、工业机器人程序分析

工业机器人模拟焊接站的程序与分析如表 6-13 所示。

表 6-13　工业机器人模拟焊接站程序与分析

程　序	注　释
工业机器人主程序	
Main	；主程序名称
RESET	；信号清零
OPENI	；1 号夹具立即打开
SPEED 50	；设置速度为 50%，单次有效
HOME	；机器人回零
WHILE SIG(-3) DO	；当输出 3 号口不得电，一直执行
PRINT 2:"NO HOME"	；输出显示"NO HOME"
PAUSE	；暂停
END	；WHILE 语句结束
SWAIT 1001	；等待输入 1 号端口信号
CALL jiagong_qu	；调用子程序 jiagong_qu
JMOVE p8	；关节插补到目标 p8 位姿
JMOVE p9	；关节插补到目标 p9 位姿
SPEED 10	；设置速度为 10%，单次有效
LMOVE p10	；直线插补到目标 p10 位姿
LMOVE p11	；直线插补到目标 p11 位姿
PULSE 2, 2	；输出 2 号端口得电 2 秒
SWAIT 1002	；等待输入 2 号端口信号
TWAIT 1	；等待 1 秒
OPENI	；1 号夹具立即打开
LMOVE p10	；直线插补到目标 p10 位姿
LMOVE p9	；直线插补到目标 p9 位姿
SPEED 50	；设置速度为 50%，单次有效
JMOVE p8	；关节插补到目标 p8 位姿
CALL fang_jiaju1	；调用子程序 fang_jiaju1
CALL qu_hanqiang	；调用子程序 qu_hanqiang
JMOVE p12	；关节插补到目标 p12 位姿
JMOVE p16	；关节插补到目标 p16 位姿
SPEED 20	；设置速度为 20%，单次有效

程　序	注　释
LMOVE p17	；直线插补到目标 p17 位姿
PULSE 2, 2	；输出 2 号端口得电 2 秒
SWAIT 1003	；等待输入 3 号端口信号
LMOVE p16	；直线插补到目标 p16 位姿
CALL fang_hanqiang	；调用子程序 fang_hanqiang
CALL qu_jiaju1	；调用子程序 qu_jiaju1
PULSE 1, 1	；输出 1 号端口得电 1 秒
SWAIT 1001	；等待输入 1 号端口信号
OPENI	；1 号夹具立即打开
SPEED 20	；设置速度为 20%，单次有效
JMOVE p8	；关节插补到目标 p8 位姿
JMOVE p9	；关节插补到目标 p9 位姿
LMOVE p10	；直线插补到目标 p10 位姿
LMOVE p11	；直线插补到目标 p11 位姿
TWAIT 0.5	；等待 0.5 秒
CLOSEI	；1 号夹具立即关闭
PULSE 1, 2	；输出 1 号端口得电 2 秒
SWAIT 1002	；等待输入 2 号端口信号
TWAIT 1	；等待 1 秒
LMOVE p10	；直线插补到目标 p10 位姿
LMOVE p9	；直线插补到目标 p9 位姿
SPEED 50	；设置速度为 50%，单次有效
JMOVE p8	；关节插补到目标 p8 位姿
PULSE 1, 2	；输出 1 号端口得电 2 秒
SPEED 50	；设置速度为 50%，单次有效
HOME	；机器人回零
子程序	；加工站取料，p4 关节 1 转动，p5 抓手水平，p7 工件上方 100，p6 工件位置
jiagong_qu	；子程序名称
JMOVE p4	；关节插补到目标 p4 位姿
JMOVE p5	；关节插补到目标 p5 位姿
POINT p7 = SHIFT(p6 BY 0, 0, 100)	；p6 位姿沿 Z 轴坐标增加 100 mm 赋值给 p7
LMOVE p7	；直线插补到目标 p7 位姿

程　　序	注　　释
SPEED 20	; 设置速度为 20%，单次有效
LMOVE p6	; 直线插补到目标 p6 位姿
TWAIT 0.5	; 等待 0.5 秒
CLOSEI	; 1 号夹具立即关闭
TWAIT 0.5	; 等待 0.5 秒
LMOVE p7	; 直线插补到目标 p7 位姿
SPEED 50	; 设置速度为 50%，单次有效
LMOVE p5	; 直线插补到目标 p5 位姿
JMOVE p4	; 关节插补到目标 p4 位姿
HOME	; 机器人回零
RETURN	; 子程序结束，返回主程序
子程序	
fang_jiaju1	; 子程序名称
CLOSEI	; 1 号夹具立即关闭
JMOVE p12	; 关节插补到目标 p12 位姿
LAPPRO p13, 300	; 沿工具坐标系，直线插补定位到 p13 位姿 Z 轴负方向 300 mm 处
SPEED 10	; 设置速度为 10%，单次有效
LMOVE p13	; 直线插补到目标 p13 位姿
TWAIT 0.5	; 等待 0.5 秒
OPENI	; 1 号夹具立即打开
TWAIT 0.5	; 等待 0.5 秒
LAPPRO p13, 300	; 沿工具坐标系，直线插补定位到 p13 位姿 Z 轴负方向 300 mm 处
SPEED 50	; 设置速度为 50%，单次有效
HOME	; 机器人回零
RETURN	; 子程序结束，返回主程序
子程序	
qu_hanqiang	; 子程序名称
SPEED 50	; 设置速度为 50%，单次有效
JMOVE p12	; 关节插补到目标 p12 位姿
SPEED 20	; 设置速度为 20%，单次有效

程　序	注　释
LAPPRO p15, 300	；沿工具坐标系，直线插补定位到 p15 位姿 Z 轴负方向 300 mm 处
SPEED 10	；设置速度为 10%，单次有效
LMOVE p15	；直线插补到目标 p15 位姿
TWAIT 1	；等待 1 秒
CLOSEI	；1 号夹具立即关闭
TWAIT 1	；等待 1 秒
LAPPRO p15, 300	；沿工具坐标系，直线插补定位到 p15 位姿 Z 轴负方向 300 mm 处
SPEED 50	；设置速度为 50%，单次有效
HOME	；机器人回零
RETURN	；子程序结束，返回主程序
子程序	
fang_hanqiang	；子程序名称
SPEED 50	；设置速度为 50%，单次有效
JAPPRO p15, 300	；沿工具坐标系，关节插补定位到 p15 位姿 Z 轴负方向 300 mm 处
SPEED 10	；设置速度为 10%，单次有效
LMOVE p15	；直线插补到目标 p15 位姿
TWAIT 0.5	；等待 1 秒
OPENI	；1 号夹具立即打开
TWAIT 0.5	；等待 1 秒
SPEED 30	；设置速度为 30%，单次有效
JAPPRO p15, 300	；沿工具坐标系，关节插补定位到 p15 位姿 Z 轴负方向 300 mm 处
SPEED 50	；设置速度为 50%，单次有效
HOME	；机器人回零
RETURN	；子程序结束，返回主程序
子程序	
qu_jiaju1	；子程序名称
SPEED 50	；设置速度为 50%，单次有效
JMOVE p12	；关节插补到目标 p12 位姿
SPEED 30	；设置速度为 30%，单次有效

程　　序	注　　释
JAPPRO p13, 300	；沿工具坐标系，关节插补定位到 p13 位姿 Z 轴负方向 300 mm 处
SPEED 10	；设置速度为 10%，单次有效
LMOVE p13	；直线插补到目标 p13 位姿
TWAIT 0.5	；等待 0.5 秒
LAPPRO p13, -9	；沿工具坐标系，直线插补定位到 p13 位姿 Z 轴负方向 −9 mm 处
LMOVE p13	；直线插补到目标 p13 位姿
CLOSEI	；1 号夹具立即关闭
LAPPRO p13, 300	；沿工具坐标系，直线插补定位到 p13 位姿 Z 轴负方向 300 mm 处
SPEED 50	；设置速度为 50%，单次有效
LMOVE p12	；沿工具坐标系，直线插补到目标 p12 位姿
HOME	；机器人回零
RETURN	；子程序结束，返回主程序

◇◇◇　任务 6.4　工业机器人与装配站系统集成编程与调试　◇◇◇

【任务目标】

掌握工业机器人与模拟装配站的集成相关编程与调试。

【学习内容】

一、方案设计

(1) 模式设置，可通过模拟装配站的手自动切换按钮实现模式设置。当设置手动状态时，只可实现单站控制；当设置自动状态时，可实现远程控制。

(2) 单站控制，当模拟装配站的手自动切换按钮处于手动状态时，可实现模拟装配站单站操作控制。

(3) 远程控制，当模拟装配站的手自动切换按钮处于自动状态时，可从总控站实现对模拟装配站的启动、停止、复位、急停等操作，达到模拟装配站、工业机器人、滑轨分站、总控站的联动。

(4) 远程监测，可从总控站上位机实现对模拟装配站的状态监测。

二、控制要求

(1) 通过模拟装配站的手自动切换按钮的切换，可分别实现模拟装配单站和子系统控制。

(2) 实现远程控制，即通过上位机或总控站控制模拟装配站、工业机器人、滑轨分站、总控站的联动，实现启动、停止、复位、急停等操作。

(3) 总控站和模拟装配站急停按钮均可实现系统的急停。

(4) 通过子系统的联动控制，可以实现简易工件的装配。

(5) 在子系统联动中，通过工业机器人可实现物料的搬运，从加工位置 A 点搬运到指定 B 点。

三、I/O 分配表及 DP 信号对接

1．I/O 分配表

模拟装配站的 I/O 地址分配表如表 6-14 所示。

表 6-14　模拟装配站 I/O 地址分配表

序号	名　　称	I/O	备　　注	通信地址
1	吸盘前伸限位	I0.0	输入	本站地址:6
2	吸盘返回限位	I0.1		
3	物料选择至位	I0.2		
4	物料选择复位	I0.3		
5	推料复位	I0.4		
6	推料至位	I0.5		
7	物料检测	I0.6		
8	启动按钮	I1.1		
9	停止按钮	I1.2		
10	复位按钮	I1.3		
11	急停按钮	I1.4		
12	手自动旋钮	I1.5		
1	吸盘前伸电磁阀	Q0.0	输出	
2	吸盘返回电磁阀	Q0.1		
3	物料选择 1 电磁阀	Q0.2		
4	物料选择 2 电磁阀	Q0.3		
5	吸盘电磁阀	Q0.4		
6	推料电磁阀	Q0.5		

2．DP 信号对接

在实现模拟装配站、工业机器人、导轨、总控站的联动过程中，各分站点信号(工业机器人信号与滑轨分站信号通过硬接线方式连接)需要通过总控站进行变量的交互，以实现系统的联动，通信架构图如图 6-13 所示。

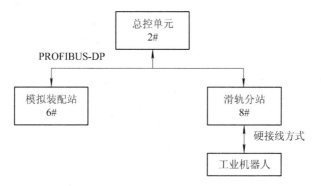

图 6-13　通信架构图

根据通信字节数，选择一种通信方式，本例中选择了 2 字节输入/2 字节输出的方式(在实际设备中根据输入输出点数的多少不一样，选择的通信字节数不一致，有 2 字节输入/2 字节输出和 4 字节输入/4 字节输出等。如图 6-14 所示，点开 EM 277 PROFIBUS-DP \选中 2 Bytes Out/2 Bytes In，并将其拖入左下面的槽中，分配其 I/O 地址，双击此槽。

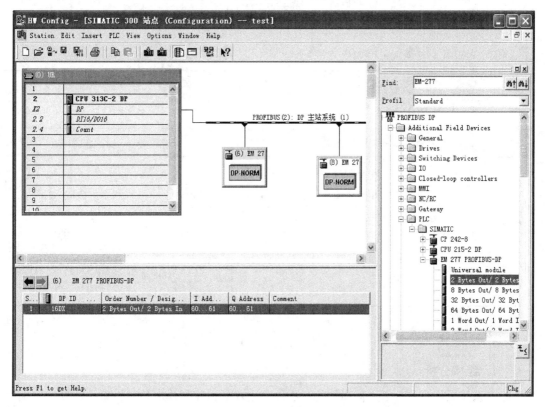

图 6-14　通信字节数设置

首先，通过 PLC_300 设置总控站与各个分站之间通信的变量地址，规定模拟装配站与总控站通信使用地址为 V60.0～V63.7，滑轨分站与总控站通信使用地址为 V80.0～V83.7，详细通信地址分配如表 6-15 所示，DP 信号对接如表 6-16 所示。

表 6-15　通信地址分配表

	主站→分站	主站←分站
模拟装配站	Q60.0～Q61.7→V60.0～V61.7	I60.0～I61.7←V62.0～V63.7
滑轨分站	Q80.0～Q81.7→V80.0～V81.7	I80.0～I81.7←V82.0～V83.7

表 6-16　DP 信号对接表

总控站→模拟装配分站		总控站←模拟装配分站	
Q60.0→V60.0	主站按启动，PLC_300 发信号给装配站	I60.0←V62.0	装配站的底部大工件已经就位
Q60.1→V60.1	上位机停止		
Q60.2→V60.2	上位机复位		
Q60.3→V60.3	上位机急停		
Q60.4→V60.4	装配站启动(机器人已行走到位，装配站出底部大工件)		
Q60.5→V60.5	装配站完成(机器人将大小件搬走，装配站复位)		
Q81.2→V81.2	装配站底部大工件已就位 V62.0 (I60.0)	I80.7←V82.7	滑轨行走到装配站，装配站启动 V60.4(Q60.4)
滑轨分站→工业机器人		滑轨分站←工业机器人	
Q0.6→1002	机器人在装配站完成，发信号给滑轨；滑轨开始移动，移动到位后发信号给机器人	I0.0←1	机器人放取工件完成
Q0.7→1003	装配站出底部大工件到位，机器人放取工件	I0.1←2	机器人接到滑轨移动到位信号后开始放料，放料完成后发信号给滑轨

四、PLC 程序分析

1. 结构分析

本系统采用主程序、子程序架构。结合设计方案和控制要求，本系统共采用"初始化"、"自动"、"手动"、"复位"等四个子程序和一个主程序。主程序结构如图 6-15 所示。

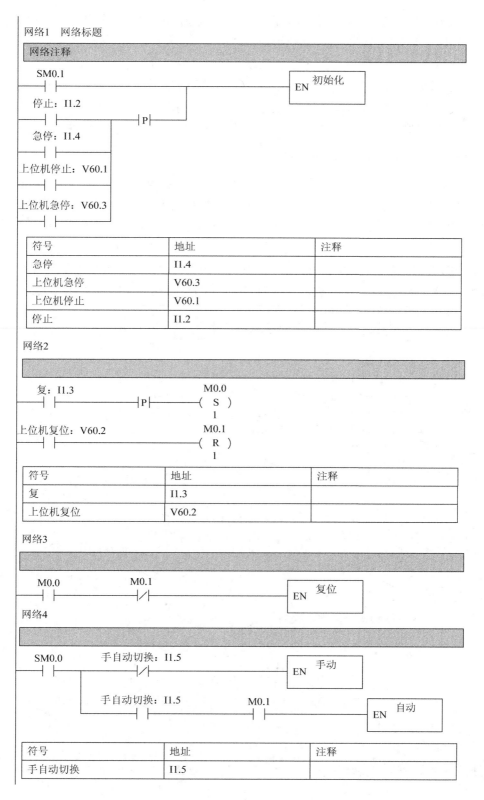

网络1 网络标题

网络注释

符号	地址	注释
急停	I1.4	
上位机急停	V60.3	
上位机停止	V60.1	
停止	I1.2	

网络2

符号	地址	注释
复	I1.3	
上位机复位	V60.2	

网络3

网络4

符号	地址	注释
手自动切换	I1.5	

图 6-15 主程序结构

当系统初始通电或对系统进行停止、急停等操作时，调用"初始化"子程序，其主要是对程序中所有的信号进行初始化处理，防止程序中断后出现变量值紊乱；当模拟装配站的手自动切换按钮处于自动挡时，按启动按钮，系统自行调用"自动"子程序，模拟装配站、工业机器人、滑轨分站、总控站等组成的子系统处于自动运行；当模拟装配站的手自动切换按钮处于手动挡时，按启动按钮，系统自行调用"手动"子程序，其只能实现模拟装配站的单站操作；"复位"子程序主要对模拟装配站复位，使其回到初始位置。

2. 流程分析(参见图 6-16)

首先，模拟装配站已处于复位状态，滑轨分站处在模拟装配站位置(已夹住物料)，工业机器人程序运行，并等待启动信号；按下总控台"启动按钮"，发信号给 PLC_300，经 PLC_300 将启动信号通过 PROFIBUS-DP 传递给模拟装配站 PLC_200，模拟装配站得到启动信号后开始装配，装配站底部大工件已就位，得到标志位；模拟装配站将此标志位通过 PROFIBUS-DP 传递给 PLC_300，PLC_300 得到大工件已就位标志位后经 PROFIBUS-DP 传递给滑轨分站 PLC_200，滑轨分站 PLC_200 将此标志位传递给工业机器人；工业机器人

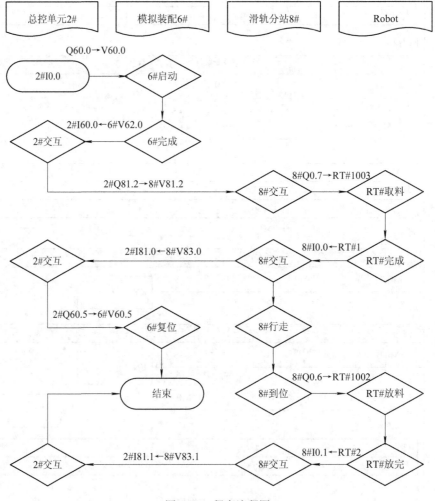

图 6-16　程序流程图

由等待转入运行,在模拟装配站A点实现放料、取料装配动作后,机器人通过ROBOT OUT(1)输出信号给滑轨分站 I0.0,滑轨分站通过 PROFIBUS-DP 将取料完成信号传递给总控站 PLC_300,总控站 PLC_300 通过 PROFIBUS-DP 传递给模拟装配站 PLC_200,模拟装配站开始复位,同时,滑轨分站得到装配完成信号后移动 25000 脉冲;机器人得到滑轨行走到位信号后将物料放置在某一固定 B 点,并将放料完成信号 ROBOT OUT(2)传递给滑轨,滑轨将放料完成信号通过 PROFIBUS-DP 传递给 PLC_300,机器人返回 HOME 点,如图 6-16 所示。

五、工业机器人程序分析

工业机器人模拟装配站的程序与分析如表 6-17 所示。

表 6-17　工业机器人模拟装配站的程序与分析

程　序	注　释
工业机器人主程序	
Main	; 主程序名称
RESET	; 信号清零
OPENI	; 1 号夹具立即打开
SPEED 50	; 设置速度为 50%,单次有效
HOME	; 机器人回零
WHILE SIG(-3) DO	; 当输出 3 号口不得电,一直执行
PRINT 2:"NO HOME"	; 输出显示"NO HOME"
PAUSE	; 暂停
END	; while 语句结束
SWAIT 1003	; 等待输入 3 号端口信号
CALL zhuangpei_fang_qu	; 调用子程序 zhuangpei_fang_qu
PULSE 1, 2	; 输出 1 号端口得电 2 秒
SWAIT 1002	; 等待输入 2 号端口信号
CALL liku_fang	; 调用子程序 liku_fang
TWAIT 1	; 等待 1 秒
PULSE 2, 2	; 输出 2 号端口得电 2 秒
SPEED 50	; 设置速度为 50%,单次有效
HOME	; 机器人回零
子程序	;p18 关节 1 转动,p19 抓手水平,p21 工件上方 100,p20 工件位置,p22 底下工件位置
zhuangpei_fang_qu	; 子程序名称

程　序	注　释
JMOVE p18	；关节插补到目标 p18 位姿
JMOVE p19	；关节插补到目标 p19 位姿
POINT p21 = SHIFT(p20 BY 0, 0, 100)	；p20 位姿沿 Z 轴坐标增加 100 mm 赋值给 p21
LMOVE p21	；关节插补到目标 p21 位姿
SPEED 20	；设置速度为 20%，单次有效
LMOVE p20	；关节插补到目标 p20 位姿
TWAIT 0.5	；等待 0.5 秒
OPENI	；1 号夹具立即打开
TWAIT 0.5	；等待 0.5 秒
LMOVE p22	；直线插补到目标 p22 位姿
TWAIT 0.5	；等待 0.5 秒
CLOSEI	；1 号夹具立即关闭
TWAIT 0.5	；等待 0.5 秒
LMOVE p21	；直线插补到目标 p21 位姿
SPEED 50	；设置速度为 50%，单次有效
LMOVE p19	；直线插补到目标 p19 位姿
RETURN	；子程序结束，返回主程序
子程序	；p23 关节 1 转动，p24 抓手水平，p28 抓手水平正向偏移
liku_fang	；子程序名称
SPEED 10	；设置速度为 10%，单次有效
POINT p26 = SHIFT(p25 BY -30, 30, 0)	；p25 位姿沿 X/Y 轴坐标各增加 −30/30 mm 后赋值给 p26
LMOVE p26	；直线插补到目标 p26 位姿
LMOVE p25	；直线插补到目标 p25 位姿
TWAIT 0.5	；等待 0.5 秒
OPENI	；1 号夹具立即打开
TWAIT 0.5	；等待 0.5 秒
LMOVE p26	；直线插补到目标 p26 位姿
LMOVE p19	；直线插补到目标 p19 位姿
RETURN	；子程序结束，返回主程序

【任务目标】

掌握工业机器人与立体仓库的集成相关编程与调试。

【学习内容】

一、方案设计

(1) 模式设置，可通过模拟入库站的手自动切换按钮实现模式设置。当设置手动状态时，只可实现单站控制；当设置自动状态时，可实现远程控制。

(2) 单站控制，当模拟入库站的手自动切换按钮处于手动状态时，可实现模拟入库站单站操作控制。

(3) 远程控制，当模拟入库站的手自动切换按钮处于自动状态时，可从总控站实现对模拟入库站的启动、停止、复位、急停等操作，达到模拟入库站、工业机器人、滑轨分站、总控站的联动。

(4) 远程监测，可从总控站上位机实现对模拟入库站的状态监测。

二、控制要求

(1) 通过模拟入库站的手自动切换按钮的切换，可分别实现模拟入库单站和子系统控制。

(2) 实现远程控制，即通过上位机或总控站控制模拟入库站、工业机器人、滑轨分站、总控站的联动，实现启动、停止、复位、急停等操作。

(3) 总控站和模拟入库站急停按钮均可实现系统的急停。

(4) 通过子系统的联动控制，可以实现工件的入库。

(5) 在子系统联动中，通过工业机器人可回到零点位置。

三、I/O 分配表及 DP 信号对接

1. I/O 分配表

立体仓库站的 I/O 地址分配表如表 6-18 所示。

表 6-18　立体仓库站 I/O 地址分配表

序号	名　称	I/O	备　注	通信地址
1	有料检测	I0.0		
2	推料至位	I0.1	输入	本站地址:7
3	推料复位	I0.2		
4	X 轴右限位	I0.3		

序号	名　称	I/O	备　注	通信地址
5	X 轴原点	I0.4	输入	
6	X 轴左限位	I0.5		
7	Y 轴上限位	I0.6		
8	Y 轴原点	I0.7		
9	Y 轴下限位	I1.0		
10	启动按钮	I1.1		
11	停止按钮	I1.2		
12	复位按钮	I1.3		
13	急停按钮	I1.4		
14	手自动旋钮	I1.5		
1	X 轴脉冲	Q0.0	输出	
2	Y 轴脉冲	Q0.1		
3	X 轴方向	Q0.2		
4	Y 轴方向	Q0.3		
5	推料电磁阀	Q0.4		

2. DP 信号对接

在实现模拟入库站、工业机器人、导轨、总控站的联动过程中，各分站点信号(工业机器人信号与滑轨分站信号通过硬接线方式连接)需要通过总控站进行变量的交互，以实现系统的联动，通信架构图如图 6-17 所示。

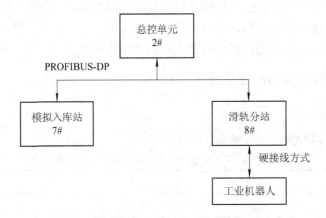

图 6-17　通信架构图

根据通信字节数，选择一种通信方式，本例中选择了 2 字节输入/2 字节输出的方式(在实际设备中根据输入输出点数的多少不一样，选择的通信字节数不一致，有 2 字节输入/2

字节输出和 4 字节输入/4 字节输出等。如图 6-18 所示，点开 EM 277 PROFIBUS-DP \选中 2 Bytes Out/2 Bytes In，并将其拖入左下面的槽中，分配其 I/O 地址，双击此槽。

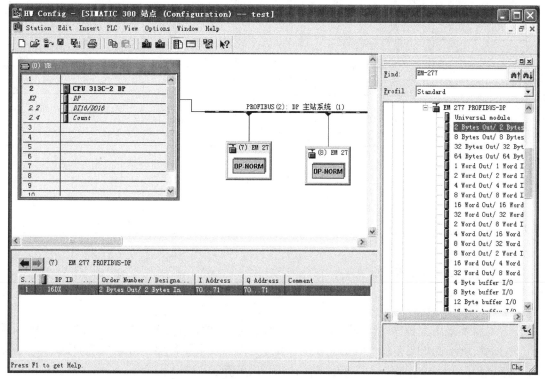

图 6-18　通信字节数设置

首先，通过 PLC_300 设置总控站与各个分站之间通信的变量地址，规定模拟入库站与总控站通信使用地址为 V70.0～V73.7，滑轨分站与总控站通信使用地址为 V80.0～V83.7，详细通信地址分配如表 6-19 所示，DP 信号对接如表 6-20 所示。

表 6-19　通信地址分配表

	主站→分站	主站←分站
模拟入库站	Q70.0～Q71.7→V70.0～V71.7	I70.0～I71.7←V72.0～V73.7
滑轨分站	Q80.0～Q81.7→V80.0～V81.7	I80.0～I81.7←V82.0～V83.7

表 6-20　DP 信号对接表

总控站→模拟入库分站		总控站←模拟入库分站	
Q70.0→V70.0	主站按启动，PLC-300 发信号给立库站	I70.0←V72.0	立库站入库完成，发信号给 PLC-300
Q70.1→V70.1	上位机停止		
Q70.2→V70.2	上位机复位		
Q70.3→V70.3	上位机急停		
Q70.5→V70.5	白料		

总控站→滑轨分站		总控站←滑轨分站	
Q70.6→V70.6	金属料		
Q70.7→V70.7	蓝料		
Q71.0→V71.0	机器人放料完成，开始入库		
Q81.3→V81.3	入库完成 V72.0(I70.0)	I81.1←V83.1	滑轨行走到立库站，立库站启动 V71.0 (Q71.0)
滑轨分站→工业机器人		滑轨分站←工业机器人	
Q0.5→1001	机器人开始取料	I0.1←2	机器人在入库站放料完成，发信号给滑轨

四、PLC 程序分析

1. 结构分析

本系统采用主程序、子程序架构。结合设计方案和控制要求，本系统共采用"初始化"、"自动"、"手动"、"复位""OUT_0"、"OUT_1"等六个子程序，"INT_0"、"INT_1"两个中断子程序和一个主程序。主程序结构如图6-19所示。

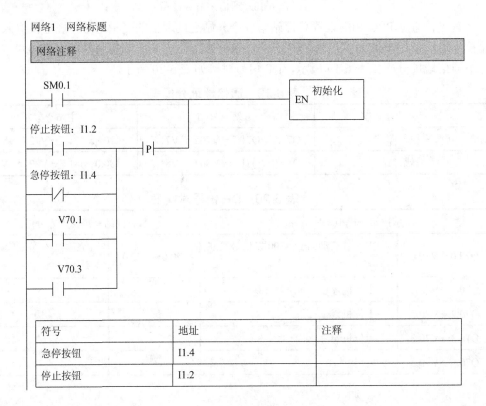

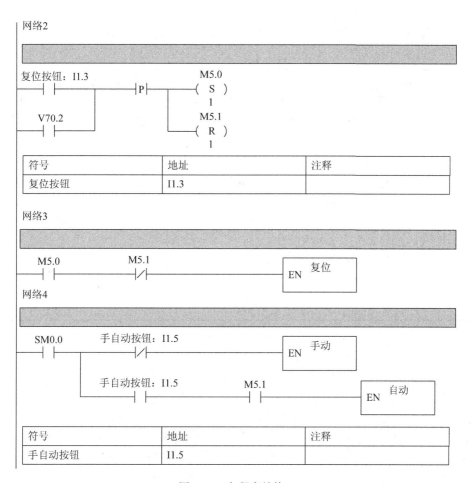

图 6-19　主程序结构

当系统初始通电或对系统进行停止、急停等操作时，调用"初始化"子程序，其主要是对程序中所有的信号进行初始化处理，防止程序中断后出现变量值紊乱；当模拟入库站的手自动切换按钮处于自动挡时，按启动按钮，系统自行调用"自动"子程序，模拟入库站、工业机器人、滑轨分站、总控站等组成的子系统处于自动运行；当模拟入库站的手自动切换按钮处于手动挡时，按启动按钮，系统自行调用"手动"子程序，其只能实现模拟入库站的单站操作；"复位"子程序主要对模拟入库站 X/Y 两轴复位，使其回到初始位置；"OUT_0"是高速脉冲串输出 PTO 发送 X 轴脉冲的子程序；"OUT_1"是高速脉冲串输出 PTO 发送 Y 轴脉冲的子程序；"INT_0"是 X 轴脉冲输出完成产生的 19 号中断事件；"INT_1"是 Y 轴脉冲输出完成产生的 20 号中断事件。

2. 流程分析

首先，模拟入库站已处于复位状态，滑轨分站处在模拟入库站位置(已夹住物料)，工业机器人程序运行，并等待启动信号；按下总控台"启动按钮"，发信号给 PLC_300，经 PLC_300 将启动信号通过 PROFIBUS-DP 传递给滑轨分站 PLC_200，滑轨分站得到启动信号后传递给工业机器人，工业机器人得到启动信号后放料，放料完成后机器人返回 HOME

点；滑轨分站得到放料完成信号后传递给 PLC_300，PLC_300 将此信号通过 PROFIBUS-DP 传递给模拟入库站，开始入库；PLC_300 得到入库完成信号后通过 PROFIBUS-DP 传递给滑轨分站 PLC_200，滑轨分站将此信号开始回零，回零完成后结束，如图 6-20 所示。

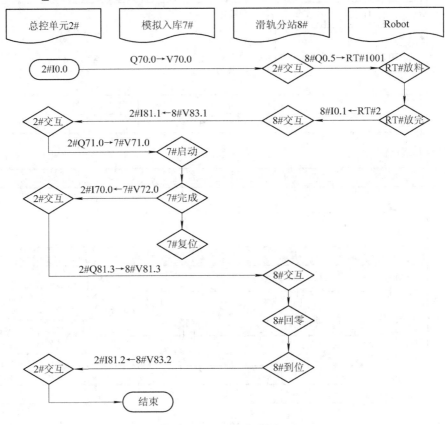

图 6-20　程序流程图

五、工业机器人程序及分析

工业机器人模拟入库站的程序与分析如表 6-21 所示。

表 6-21　工业机器人模拟入库站的程序与分析

程　序	注　释
工业机器人主程序	
Main	；主程序名称
RESET	；信号清零
OPENI	；1 号夹具立即打开
SPEED 50	；设置速度为 50%，单次有效
HOME	；机器人回零
WHILE SIG(-3) DO	；当输出 3 号口不得电，一直执行
PRINT 2:"NO HOME"	；输出显示 "NO HOME"

程　　序	注　　释
PAUSE	；暂停
END	；WHILE 语句结束
SWAIT 1001	；等待输入 1 号端口信号
CALL liku_fang	；调用子程序 liku_fang
TWAIT 1	；等待 1 秒
PULSE 2, 2	；输出 2 号端口得电 2 秒
SPEED 50	；设置速度为 50%，单次有效
HOME	；机器人回零
子程序	；
liku_fang	；子程序名称
SPEED 10	；设置速度为 10%，单次有效
POINT p26 = SHIFT(p25 BY -30, 30, 0)	；p25 位姿沿 X/Y 轴坐标各增加-30/30 mm 后赋值给 p26
LMOVE p26	；直线插补到目标 p26 位姿
LMOVE p25	；直线插补到目标 p25 位姿
TWAIT 0.5	；等待 0.5 秒
OPENI	；1 号夹具立即打开
TWAIT 0.5	；等待 0.5 秒
LMOVE p26	；直线插补到目标 p26 位姿
LMOVE p19	；直线插补到目标 p19 位姿
RETURN	；子程序结束，返回主程序

◇◇◇ 任务 6.6　工业机器人与整条生产线系统集成编程与联调 ◇◇◇

【任务目标】

掌握工业机器人与整条生产线集成的相关编程与调试。

【学习内容】

一、方案设计

(1) 模式设置，可通过手自动切换按钮实现模式设置。当设置手动状态时，只可实现单站控制；当设置自动状态时，可实现远程控制。

(2) 单站控制，当手自动切换按钮处于手动状态时，可实现各个单站独立控制。

(3) 远程控制，当手自动切换按钮处于自动状态时，可从总控站实现对整套系统的启动、停止、复位、急停等操作，达到系统的联动控制。

(4) 远程监测，可从总控站上位机实现对各个单站的状态监测。

二、控制要求

(1) 远程控制，即通过上位机或总控站控制整套系统的联动，实现启动、停止、复位、急停等操作。

(2) 总控站和各个单站急停按钮均可实现系统的急停。

(3) 实现物料的出入库控制，并对物料的材质、颜色进行判别入库到指定位置。

三、I/O 分配表及 DP 信号对接

1. I/O 分配表

机器人导轨的 I/O 地址分配表如图 6-22 所示。

表 6-22　机器人导轨 I/O 地址分配表

序号	名　称	I/O	备　注	通信地址
1	机器人抓取完成	I0.0	输入	本站地址:8
2	机器人放置完成	I0.1		
3	机器人第一原点	I0.2		
4	备用	I0.3		
5	备用	I0.4		
6	行走机构伺服就绪	I0.5		
7	行走机构原点	I1.0		
8	启动按钮	I1.1		
9	停止按钮	I1.2		
10	复位按钮	I1.3		
11	急停按钮	I1.4		
12	手自动旋钮	I1.5		
1	行走脉冲	Q0.0	输出	
2	行走方向	Q0.1		
3	机器人马达开	Q0.2		
4	急停输出	Q0.3		
5	机器人暂停	Q0.4		
6	机器人启动	Q0.5		
7	行走机构到位	Q0.6		
8	单站完成	Q0.7		
9	伺服使能	Q1.0		

2. DP 信号对接

在实现供料检测站、模拟加工站、模拟焊接站、模拟装配站、模拟入库站、工业机器人、导轨、总控站的联动过程中，各分站点信号(工业机器人信号与滑轨分站信号通过硬接线方式连接)需要通过总控站进行变量的交互，以实现系统的联动，通信架构图如图 6-21 所示。

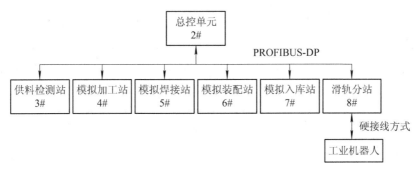

图 6-21　通信架构图

根据通信字节数，选择一种通信方式，本例中选择了 2 字节输入/2 字节输出的方式(在实际设备中根据输入输出点数的多少不一样，选择的通信字节数不一致，有 2 字节输入/2 字节输出和 4 字节输入/4 字节输出等。如图 6-22 所示，点开 EM 277 PROFIBUS-DP \选中 2 Bytes Out/2 Bytes In，并将其拖入左下面的槽中，分配其 I/O 地址，双击此槽。

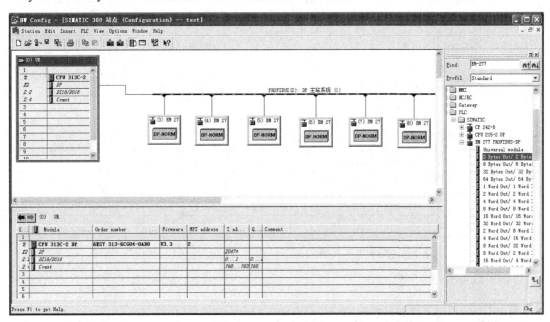

图 6-22　通信字节数设置

首先，通过 PLC_300 设置总控站与各个分站之间通信的变量地址，规定供料检测站与总控站通信使用地址为 V30.0～V33.7，模拟加工站通信地址为 V40.0～V43.7，模拟焊接站通信地址为 V50.0～V53.7，模拟装配站通信地址为 V60.0～V63.7，模拟入库站通信地址为 V70.0～V73.7，滑轨分站使用地址为 V80.0～V83.7，DP 信号对接如表 6-23 所示。

表 6-23 DP 信号对接表

总控站→供料检测分站		总控站←供料检测分站	
Q30.0→V30.0	主站按启动,PLC_300 发信号给供料站	I30.0←V32.0	供料站出料完成,发信号给 PLC_300
Q30.1→V30.1	上位机停止	I30.1←V32.1	白料
Q30.2→V30.2	上位机复位	I30.2←V32.2	金属料
Q30.3→V30.3	上位机急停	I30.3←V32.3	蓝料
Q30.4→V30.4	上位机循环出料(暂时未使用)		
Q30.5→V30.5	机器人在供料站取料完成,供料站开始复位		
主站→模拟加工分站		主站←模拟加工分站	
Q40.0→V40.0		I40.0←V42.0	加工站加工完成,发信号给 PLC_300
Q40.1→V40.1	上位机停止		
Q40.2→V40.2	上位机复位		
Q40.3→V40.3	上位机急停		
Q40.4→V40.4	机器人在加工站放料完成,开始加工		
Q40.5→V40.5	加工站完成,开始复位		
总控站→模拟焊接分站		总控站←模拟焊接分站	
Q50.0→V50.0		I50.0←V52.0	机器人退走,换焊枪,到焊接点
Q50.1→V50.1	上位机停止	I50.1←V52.1	机器人退走,换夹具
Q50.2→V50.2	上位机复位	I50.2←V52.2	机器人取料,并夹住工件
Q50.3→V50.3	上位机急停	I50.3←V52.3	焊接站夹手已松开,机器人退走信号
Q50.4→V50.4	焊接抓手开始夹紧动作		
Q50.5→V50.5	焊接工件开始对接动作		
Q50.6→V50.6	焊接抓手开始松开动作		
Q50.7→V50.7	焊接站完成,开始复位		
总控站→模拟装配分站		总控站←模拟装配分站	
Q60.0→V60.0		I60.0←V62.0	装配站的底部大工件已经就位
Q60.1→V60.1	上位机停止		
Q60.2→V60.2	上位机复位		
Q60.3→V60.3	上位机急停		
Q60.4→V60.4	装配站启动(机器人已行走到位,装配站出底部大工件)		
Q60.5→V60.5	装配站完成(机器人将大小件搬走,装配站复位)		

总控站→模拟入库分站		总控站←模拟入库分站	
Q70.0→V70.0		I70.0←V72.0	入库站入库完成,发信号给PLC_300
Q70.1→V70.1	上位机停止		
Q70.2→V70.2	上位机复位		
Q70.3→V70.3	上位机急停		
Q70.5→V70.5	白料		
Q70.6→V70.6	金属料		
Q70.7→V70.7	蓝料		
Q71.0→V71.0	机器人在立库放料完成,开始入库		
总控站→滑轨分站		总控站←滑轨分站	
Q80.0→V80.0	主站按启动,PLC_300发信号给导轨	I80.0←V82.0	机器人在供料站取料完成,供料站气缸复位V30.5(Q30.5)
Q80.1→V80.1	上位机停止	I80.1←V82.1	滑轨行走到加工站,加工站启动V40.4(Q40.4)
Q80.2→V80.2	上位机复位	I80.2←V82.2	机器人在加工站取料完成,加工站复位V40.5(Q40.5)
Q80.3→V80.3	上位机急停	I80.3←V82.3	滑轨行走到焊接站,放置工件,焊接站抓手夹紧V50.4(Q50.4)
Q80.4→V80.4	供料站完成V32.0(I30.0)	I80.4←V82.4	焊接站工件对接V50.5(Q50.5)
Q80.5→V80.5	加工站完成V42.0(I40.0)	I80.5←V82.5	焊接站气缸松开V50.6(Q50.6)
Q80.6→V80.6	焊接站抓手已夹住V52.0(I50.0)	I80.6←V82.6	机器人在焊接站取料完成,焊接站复位V50.7(Q50.7)
Q80.7→V80.7	焊接站旋转完成V52.1(I50.1)	I80.7←V82.7	滑轨行走到装配站,装配站启动V60.4(Q60.4)
Q81.0→V81.0	焊接站对接气缸复位,机器人可以来取料,V52.2(I50.2)	I81.0←V83.0	机器人在装配站取料完成,加工站复位装配站复位V60.5(Q60.5)
Q81.1→V81.1	焊接站抓手已松开V52.3(I50.3)	I81.1←V83.1	滑轨行走到入库站,入库站启动V71.0(Q71.0)
Q81.2→V81.2	装配站底部大工件已就位V62.0(I60.0)	I81.2←V83.2	入库完成,滑轨回到起始点,并进入下一循环出入库V30.4(Q30.4)
Q81.3→V81.3	入库完成V72.0(I70.0)		

四、PLC 程序分析

首先，整套系统已复位完成，滑轨从站开始在原点，工业机器人程序运行，并等待启动信号；按下总控台"启动按钮"，发信号给 PLC_300，经 PLC_300 将启动信号通过 PROFIBUS-DP 传递给供料检测站 PLC_200，供料检测站得到启动信号后开始运行，物料出库；出库完成后，得到出库完成标志位，供料检测站将此标志位通过 PROFIBUS-DP 传递给 PLC_300，PLC_300 得到出库完成标志位后经 PROFIBUS-DP 传递给滑轨分站 PLC_200，滑轨分站 PLC_200 将此出库完成标志位传递给工业机器人；工业机器人由等待转入运行，在供料检测站出库口 A 点取料完成后，机器人通过 ROBOT OUT(1)输出信号给滑轨分站 I0.0，滑轨分站通过 PROFIBUS-DP 将取料完成信号传递给总控站 PLC_300，总控站 PLC_300 通过 PROFIBUS-DP 传递给供料检测站 PLC_200，供料检测站开始复位，同时，滑轨分站得到取料完成信号后移动 25000 脉冲；机器人得到滑轨行走到位信号后将物料放置在模拟加工站的某一固定 B 点，并将放料完成信号 ROBOT OUT(2)传递给滑轨，滑轨将放料完成信号通过传递给 PLC_300。

PLC_300 得到模拟加工站的放料完成信号后，将启动信号(放料完成信号)通过 PROFIBUS-DP 传递给模拟加工站 PLC_200，模拟加工站得到启动信号后开始加工，加工完成后，得到加工完成标志位；模拟加工站将此标志位通过 PROFIBUS-DP 传递给 PLC_300，PLC_300 得到加工完成标志位后经 PROFIBUS-DP 传递给滑轨分站 PLC_200，滑轨分站 PLC_200 将此加工完成标志位传递给工业机器人；工业机器人由等待转入运行，在模拟加工站的某一固定 B 点取料完成后，机器人通过 ROBOT OUT(1)输出信号给滑轨分站 I0.0，滑轨分站通过 PROFIBUS-DP 将取料完成信号传递给总控站 PLC_300，总控站 PLC_300 通过 PROFIBUS-DP 传递给模拟加工站 PLC_200，模拟加工开始复位，同时，滑轨分站得到取料完成信号后移动 25000 脉冲；机器人得到滑轨行走到位信号后将物料放置在模拟焊接站的某一固定 C 点，并将放料完成信号 ROBOT OUT(2)传递给滑轨，滑轨将放料完成信号通过 PROFIBUS-DP 传递给 PLC_300。

PLC_300 得到模拟焊接站的放料完成信号后，将启动信号(放料完成信号)通过 PROFIBUS-DP 传递给模拟焊接站 PLC_200，模拟焊接站得到此信号后开始启动运行，模拟焊接站的抓手开始夹紧；模拟焊接站将夹紧信号通过 PROFIBUS-DP 传递给 PLC_300，PLC_300 将夹紧信号传递给滑轨分站，滑轨分站将此夹紧信号传递给工业机器人，工业机器人将得到夹紧信号后更换焊枪并移动到焊接位置；滑轨分站得到更换焊枪完成信号后，通过 PROFIBUS-DP 将此信号传递给 PLC_300，PLC_300 将更换焊枪完成信号传递给模拟焊接站，模拟焊接站得到此信号后开始工件的对接，对接完成后模拟焊接站的抓手开始旋转(实现焊接)；PLC_300 通过 PROFIBUS-DP 得到焊接完成信号，并传递给滑轨分站，滑轨分站将此焊接完成信号传递给工业机器人，工业机器人得到焊接完成信号后开始更换夹；滑轨分站得到更换夹具完成信号后将此信号通过 PROFIBUS-DP 传递给 PLC_300，PLC_300 传递给模拟焊接站，模拟焊接站得到更换夹具完成信号后其对接气缸开始复位；PLC_300 通过 PROFIBUS-DP 得到气缸复位完成信号，PLC_300 将此信号传递给滑轨分站，滑轨分站将气缸开始复位完成信号传递给工业机器人，工业机器人得到气缸开始复位完成信号后取料并夹住工件；滑轨分站得到夹住工件信号后，将此信号通过 PROFIBUS-DP 传递给 PLC_300，PLC_300 传递给模拟焊接站，模拟焊接站得到此信号后抓手松开；PLC_300 通过 PROFIBUS-DP 得到抓手松开完成信号，PLC_300 将此信号传递给滑轨分站，滑轨分站将此信号传递给工业机器人，机器人退走，取料完成；滑轨分站得到取料完成信号后开始行走 25000 脉冲后停止。

PLC_300 得到工业机器人行走到位信号后，将启动信号(行走到位信号)通过 PROFIBUS-DP 传递给模拟装配站 PLC_200，模拟装配站得到启动信号后开始装配，装配站底部大工件已就位，得到标志位；模拟装配站将此标志位通过 PROFIBUS-DP 传递给 PLC_300，PLC_300 得到大工件已就位标志位后经 PROFIBUS-DP 传递给滑轨分站 PLC_200，滑轨分站 PLC_200 将此标志位传递给工业机器人；工业机器人由等待转入运行，在模拟装配站 A 点实现放料、取料装配动作后，机器人通过 ROBOT OUT(1)输出信号给滑轨分站 I0.0，滑轨分站通过 PROFIBUS-DP 将取料完成信号传递给总控站 PLC_300，总控站 PLC_300 通过 PROFIBUS-DP 传递给模拟装配站 PLC_200，模拟装配站开始复位，同时，滑轨分站得到装配完成信号后移动 25000 脉冲；机器人得到滑轨行走到位信号后将物料放置在某一固定 B 点，并将放料完成信号 ROBOT OUT(2)传递给滑轨，滑轨将放料完成信号通过 PROFIBUS-DP 传递给 PLC_300，放料完成后机器人返回 HOME 点。

PLC_300 得到工业机器人放料完成信号后，将启动信号(放料完成信号)通过 PROFIBUS-DP 传递给模拟入库站 PLC_200，模拟入库站得到启动信号后开始入库，得到入库完标志位；PLC_300 得到入库完成信号后通过 PROFIBUS-DP 传递给滑轨分站 PLC_200，滑轨分站将此信号开始回零，回零完成后等待进入下一个循环周期，如图 6-23 所示。

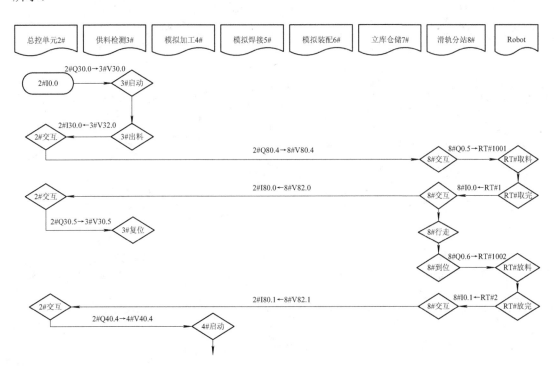

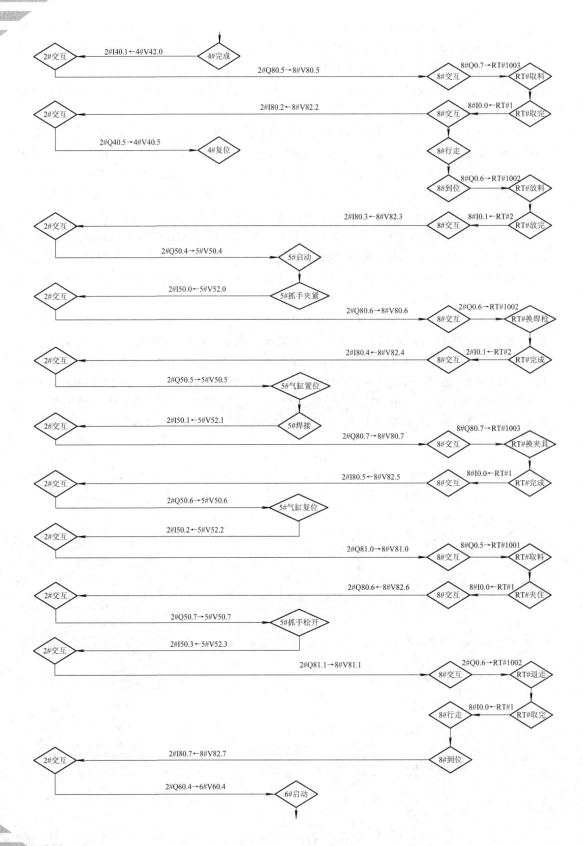

2#交互 —— 2#I40.1←4#V42.0 —— 4#完成

2#Q80.5→8#V80.5 —— 8#交互 —— 8#Q0.7→RT#1003 —— RT#取料

2#交互 —— 2#I80.2←8#V82.2 —— 8#交互 —— 8#I0.0←RT#1 —— RT#取完

2#Q40.5→4#V40.5 —— 4#复位

8#行走

8#到位 —— 8#Q0.6→RT#1002 —— RT#放料

2#交互 —— 2#I80.3←8#V82.3 —— 8#交互 —— 8#I0.1←RT#2 —— RT#放完

2#Q50.4→5#V50.4 —— 5#启动

2#交互 —— 2#I50.0←5#V52.0 —— 5#抓手夹紧

2#Q80.6→8#V80.6 —— 8#交互 —— 2#Q0.6→RT#1002 —— RT#换焊枪

2#交互 —— 2#I80.4←8#V82.4 —— 8#交互 —— 2#I0.1←RT#2 —— RT#完成

2#Q50.5→5#V50.5 —— 5#气缸置位

2#交互 —— 2#I50.1←5#V52.1 —— 5#焊接

2#Q80.7→8#V80.7 —— 8#交互 —— 8#Q80.7→RT#1003 —— RT#换夹具

2#交互 —— 2#I80.5←8#V82.5 —— 8#交互 —— 8#I0.0←RT#1 —— RT#完成

2#Q50.6→5#V50.6 —— 5#气缸复位

2#交互 —— 2#I50.2←5#V52.2

2#Q81.0→8#V81.0 —— 8#交互 —— 8#Q0.5→RT#1001 —— RT#取料

2#交互 —— 2#Q80.6←8#V82.6 —— 8#交互 —— 8#I0.0←RT#1 —— RT#夹住

2#Q50.7→5#V50.7 —— 5#抓手松开

2#交互 —— 2#I50.3←5#V52.3

2#Q81.1→8#V81.1 —— 8#交互 —— 2#Q0.6→RT#1002 —— RT#退走

8#行走 —— 8#I0.0←RT#1 —— RT#取完

2#交互 —— 2#I80.7←8#V82.7 —— 8#到位

2#Q60.4→6#V60.4 —— 6#启动

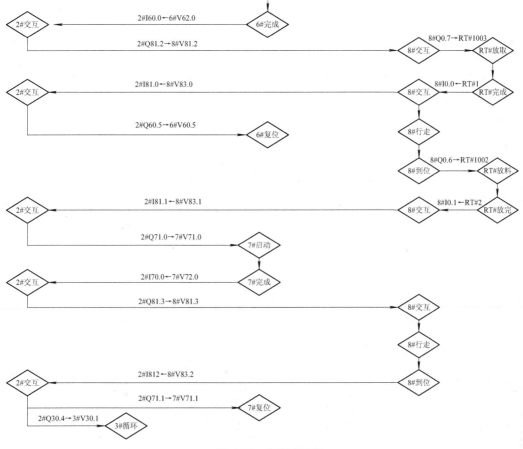

图 6-23　程序流程图

五、工业机器人程序及分析

工业机器人整条生产线的程序与分析如表 6-24 所示。

表 6-24　工业机器人整条生产线的程序与分析

程　　序	注　　释
工业机器人主程序	
Main	；主程序名称
RESET	；信号清零
OPENI	；1 号夹具立即打开
SPEED 50	；设置速度为 50%，单次有效
HOME	；机器人回零
WHILE SIG(-3) DO	；当输出 3 号口不得电，一直执行
PRINT 2:"NO HOME"	；输出显示"NO HOME"
PAUSE	；暂停

程 序	注 释
END	；WHILE 语句结束
SWAIT 1001	；等待输入 1 号端口信号
CALL gongliao_qu	；调用子程序 gongliao_qu
PULSE 1, 2	；输出 1 号端口得电 2 秒钟
SWAIT 1002	；等待输入 2 号端口信号
CALL jiagong_fang	；调用子程序 jiagong_fang
PULSE 2, 2	；输出 2 号端口得电 2 秒
SWAIT 1003	；等待输入 3 号端口信号
CALL jiagong_qu	；调用子程序 jiagong_qu
PULSE 1, 2	；输出 1 号端口得电 2 秒钟
SWAIT 1002	；等待输入 2 号端口信号
JMOVE p8	；关节插补到目标 p8 位姿
JMOVE p9	；关节插补到目标 p9 位姿
SPEED 10	；设置速度为 10%，单次有效
LMOVE p10	；直线插补到目标 p10 位姿
LMOVE p11	；直线插补到目标 p11 位姿
PULSE 2, 2	；输出 2 号端口得电 2 秒
SWAIT 1002	；等待输入 2 号端口信号
TWAIT 1	；等待 1 秒
OPENI	；1 号夹具立即打开
LMOVE p10	；直线插补到目标 p10 位姿
LMOVE p9	；直线插补到目标 p9 位姿
SPEED 50	；设置速度为 50%，单次有效
JMOVE p8	；关节插补到目标 p8 位姿
CALL fang_jiaju1	；调用子程序 fang_jiaju1
CALL qu_hanqiang	；调用子程序 qu_hanqiang
JMOVE p12	；关节插补到目标 p12 位姿
JMOVE p16	；关节插补到目标 p16 位姿
SPEED 20	；设置速度为 20%，单次有效
LMOVE p17	；直线插补到目标 p17 位姿
PULSE 2, 2	；输出 2 号端口得电 2 秒
SWAIT 1003	；等待输入 3 号端口信号

程　序	注　释
LMOVE p16	；直线插补到目标 p16 位姿
CALL fang_hanqiang	；调用子程序 fang_hanqiang
CALL qu_jiaju1	；调用子程序 qu_jiaju1
PULSE 1, 0.3	；输出 1 号端口得电 0.3 秒
SWAIT 1001	；等待输入 1 号端口信号
OPENI	；1 号夹具立即打开
SPEED 20	；设置速度为 20%，单次有效
JMOVE p8	；关节插补到目标 p8 位姿
JMOVE p9	；关节插补到目标 p9 位姿
LMOVE p10	；直线插补到目标 p10 位姿
LMOVE p11	；直线插补到目标 p11 位姿
TWAIT 0.5	；等待 0.5 秒
CLOSEI	；1 号夹具立即关闭
PULSE 1, 2	；输出 1 号端口得电 2 秒
SWAIT 1002	；等待输入 2 号端口信号
TWAIT 1	；等待 1 秒
LMOVE p10	；直线插补到目标 p10 位姿
LMOVE p9	；直线插补到目标 p9 位姿
SPEED 50	；设置速度为 50%，单次有效
JMOVE p8	；关节插补到目标 p8 位姿
HOME	；机器人回零
PULSE 1, 2	；输出 1 号端口得电 2 秒
SWAIT 1003	；等待输入 3 号端口信号
CALL zhuangpei_fang_qu	；调用子程序 zhuangpei_fang_qu
PULSE 1, 2	；输出 1 号端口得电 2 秒
SWAIT 1002	；等待输入 2 号端口信号
CALL liku_fang	；调用子程序 liku_fang
TWAIT 1	；等待 1 秒
子程序	
gongliao_qu	；子程序名称
JMOVE p0	；关节插补到目标 p0 位姿
JMOVE p1	；关节插补到目标 p1 位姿

程　　序	注　　释
POINT p3 = SHIFT(p2 BY 0, 0, 100)	；p2 位姿沿 Z 轴坐标增加 100 mm 赋值给 p3
LMOVE p3	；直线插补到目标 p3 位姿
SPEED 20	；设置速度为 20%，单次有效
LMOVE p2	；直线插补到目标 p2 位姿
TWAIT 0.5	；等待 0.5 秒
CLOSEI	；1 号夹具立即关闭
TWAIT 0.5	；等待 0.5 秒
LMOVE p3	；直线插补到目标 p3 位姿
SPEED 50	；设置速度为 50%，单次有效
LMOVE p1	；直线插补到目标 p1 位姿
JMOVE p0	；关节插补到目标 p0 位姿
HOME	；机器人回零
RETURN	；子程序结束，返回主程序
子程序	
jiagong_fang	；子程序名称
JMOVE p4	；关节插补到目标 p4 位姿
JMOVE p5	；关节插补到目标 p5 位姿
POINT p7 = SHIFT(p6 BY 0, 0, 100)	；p6 位姿沿 Z 轴坐标增加 100 mm 赋值给 p7
LMOVE p7	；直线插补到目标 p7 位姿
SPEED 20	；设置速度为 20%，单次有效
LMOVE p6	；直线插补到目标 p6 位姿
TWAIT 0.5	；等待 0.5 秒
OPENI	；1 号夹具立即打开
TWAIT 0.5	；等待 0.5 秒
LMOVE p7	；直线插补到目标 p7 位姿
SPEED 50	；设置速度为 50%，单次有效
LMOVE p5	；直线插补到目标 p5 位姿
JMOVE p4	；关节插补到目标 p4 位姿
HOME	；机器人回零
RETURN	；子程序结束，返回主程序
子程序	
jiagong_qu	；子程序名称
JMOVE p4	；关节插补到目标 p4 位姿

程　序	注　释
JMOVE p5	；关节插补到目标 p5 位姿
POINT p7 = SHIFT(p6 BY 0, 0, 100)	；p6 位姿沿 Z 轴坐标增加 100 mm 赋值给 p7
LMOVE p7	；直线插补到目标 p7 位姿
SPEED 20	；设置速度为 20%，单次有效
LMOVE p6	；直线插补到目标 p6 位姿
TWAIT 0.5	；等待 0.5 秒
CLOSEI	；1 号夹具立即打开
TWAIT 0.5	；等待 0.5 秒
LMOVE p7	；直线插补到目标 p7 位姿
SPEED 50	；设置速度为 50%，单次有效
LMOVE p5	；直线插补到目标 p5 位姿
JMOVE p4	；关节插补到目标 p4 位姿
HOME	；机器人回零
RETURN	；子程序结束，返回主程序
子程序	
fang_jiaju1	；子程序名称
CLOSEI	；1 号夹具立即关闭
JMOVE p12	；关节插补到目标 p12 位姿
LAPPRO p13, 300	；沿工具坐标系，直线插补定位到 p13 位姿 Z 轴负方向 300 mm 处
SPEED 10	；设置速度为 10%，单次有效
LMOVE p13	；直线插补到目标 p13 位姿
TWAIT 0.5	；等待 0.5 秒
OPENI	；1 号夹具立即打开
TWAIT 0.5	；等待 0.5 秒
LAPPRO p13, 300	；沿直角坐标系，直线插补定位到 p13 位姿 Z 轴负方向 300 mm 处
SPEED 50	；设置速度为 50%，单次有效
HOME	；机器人回零
RETURN	；子程序结束，返回主程序
子程序	
qu_hanqiang	；子程序名称
SPEED 50	；设置速度为 50%，单次有效
JMOVE p12	；关节插补到目标 p12 位姿

程　　序	注　　释
SPEED 20	；设置速度为20%，单次有效
LAPPRO p15, 300	；沿直角坐标系，直线插补定位到p15位姿Z轴负方向300 mm处
SPEED 10	；设置速度为10%，单次有效
LMOVE p15	；直线插补到目标p15位姿
TWAIT 1	；等待1秒
CLOSEI	；1号夹具立即关闭
TWAIT 1	；等待1秒
LAPPRO p15, 300	；沿直角坐标系，直线插补定位到p15位姿Z轴负方向300 mm处
SPEED 50	；设置速度为50%，单次有效
HOME	；机器人回零
RETURN	；子程序结束，返回主程序
子程序	
fang_hanqiang	；子程序名称
SPEED 50	；设置速度为50%，单次有效
JAPPRO p15, 300	；沿直角坐标系，关节插补定位到p15位姿Z轴负方向300 mm处
SPEED 10	；设置速度为10%，单次有效
LMOVE p15	；直线插补到目标p15位姿
TWAIT 0.5	；等待1秒
OPENI	；1号夹具立即打开
TWAIT 0.5	；等待1秒
SPEED 30	；设置速度为30%，单次有效
JAPPRO p15, 300	；沿直角坐标系，关节插补定位到p15位姿Z轴负方向300 mm处
SPEED 50	；设置速度为50%，单次有效
HOME	；机器人回零
RETURN	；子程序结束，返回主程序
子程序	
qu_jiaju1	；子程序名称
SPEED 50	；设置速度为50%，单次有效
JMOVE p12	；关节插补到目标p12位姿
SPEED 30	；设置速度为30%，单次有效
JAPPRO p13, 300	；沿直角坐标系，关节插补定位到p13位姿Z轴负方向300 mm处
SPEED 10	；设置速度为10%，单次有效

程　序	注　释
LMOVE p13	；直线插补到目标 p13 位姿
TWAIT 0.5	；等待 0.5 秒
LAPPRO p13, -9	；沿工具坐标系，直线插补定位到 p13 位姿 Z 轴负方向 -9 mm 处
LMOVE p13	；直线插补到目标 p13 位姿
CLOSEI	；1 号夹具立即关闭
LAPPRO p13, 300	；沿工具坐标系，直线插补定位到 p13 位姿 Z 轴负方向 300 mm 处
SPEED 50	；设置速度为 50%，单次有效
LMOVE p12	；直线插补到目标 p12 位姿
HOME	；机器人回零
RETURN	；子程序结束，返回主程序
子程序	
zhuangpei_fang_qu	；子程序名称
JMOVE p18	；关节插补到目标 p18 位姿
JMOVE p19	；关节插补到目标 p19 位姿
POINT p21 = SHIFT(p20 BY 0, 0, 100)	；p20 位姿沿 Z 轴坐标增加 100 mm 赋值给 p21
LMOVE p21	；关节插补到目标 p21 位姿
SPEED 20	；设置速度为 20%，单次有效
LMOVE p20	；关节插补到目标 p20 位姿
TWAIT 0.5	；等待 0.5 秒
OPENI	；1 号夹具立即打开
TWAIT 0.5	；等待 0.5 秒
LMOVE p22	；直线插补到目标 p22 位姿
TWAIT 0.5	；等待 0.5 秒
CLOSEI	；1 号夹具立即关闭
TWAIT 0.5	；等待 0.5 秒
LMOVE p21	；直线插补到目标 p21 位姿
SPEED 50	；设置速度为 50%，单次有效
LMOVE p19	；直线插补到目标 p19 位姿
RETURN	；子程序结束，返回主程序
子程序	
liku_fang	；子程序名称

程　序	注　释
SPEED 10	；设置速度为 10%，单次有效
POINT p26 = SHIFT(p25 BY -30, 30, 0)	；p25 位姿沿 X/Y 轴坐标各增加$-30/30$ mm 后赋值给 p26
LMOVE p26	；直线插补到目标 p26 位姿
LMOVE p25	；直线插补到目标 p25 位姿
TWAIT 0.5	；等待 0.5 秒
OPENI	；1 号夹具立即打开
TWAIT 0.5	；等待 0.5 秒
LMOVE p26	；直线插补到目标 p26 位姿
LMOVE p19	；直线插补到目标 p19 位姿
HOME	；子程序结束，返回主程序
RETURN	；子程序名称

◇◇◇◇◇◇◇ 习　题 ◇◇◇◇◇◇◇

1. 如何实现总控站 S7-300 与各个分站 S7-200 的 PROFIBUS-DP 通信设置？

2. 由模拟供料站、模拟入库站、工业机器人、滑轨分站、总控站组成一套装置系统。

(1) 控制流程：经模拟供料站物料出库，工业机器人抓取相应物料后，行走到模拟入库位置，放置相应物料到入库位置，工业机器人回到零点位置，模拟入库站实现物料的入库。

(2) 控制要求：① 在总控站可实现系统的启动、停止、复位等操作；② 在单站上可实现手自动切换、急停操作；③ 实现不同材质、颜色的物料入库到指定库位。

模块七　工业机器人外围典型工业设备

【模块目标】

了解工业机器人快换夹具的原理，能根据夹具换装要求编程调试；掌握机器人行走机构的组成和原理，会对伺服驱动器进行设置和接线；掌握西门子 S7-200PLC 的 MAP 库使用方法，能根据行走机构和立体仓库控制要求编程调试；掌握数控机床的电气改造；掌握数控机床 I/O 信号与对接信号；能使用西门子 828D 数控机床的编程工具 Programming Tool PLC 828 V3.2 设计数控机床的 PLC 梯形图；能根据数控机床工艺要求，编程和调试工业机器人在数控机床上下料的程序。

◇◇◇◇◇◇◇ 任务 7.1　工业机器人快换夹具 ◇◇◇◇◇◇

【任务目标】

了解机器人快换夹具的结构原理，理解川崎机器人的接口信号作用，能根据夹具换装要求编程调试。

【学习内容】

一、快换夹具

图 7-1 所示为末端执行器的夹具快换装置，通常由主盘和工具盘组成，主盘安装在工业机器人手腕上，工具盘与末端操作器连接。

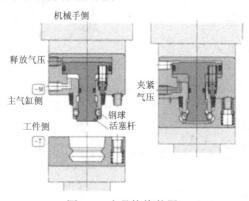

图 7-1　夹具快换装置

快换装置的释放和夹紧可以由主盘和工具盘通过气动的形式来实现。当操作器处于释放状态时，主盘上的释放口开始供气，产生的推力使活塞杆处于下压状态，钢球收于内侧。当操作器需要夹紧时，主盘上的夹紧口开始供气，主盘内活塞拉力和内部弹簧使活塞杆回拉，并由钢球将工具侧定位夹紧套按压在着座面上。排气口在需要时，可进行气体的排放，保证气路的畅通。检测口与压力开关相接，检测快换装置的连接情况。

二、川崎工业机器人接口信号

川崎工业机器人接口信号如表 7-1 所示。

表 7-1　川崎工业机器人接口信号

输出	功　　能	输入	功　　能
1	停止输出(黄色指示灯)	1010	夹具库 1 号上是否有夹具，得电表示有夹具，失电没有夹具
2	自动运行(绿色指示灯)	1011	夹具库 2 号上是否有夹具，得电表示有夹具，失电没有夹具
3	报警输出(红色指示灯)	1012	夹具库 3 号上是否有夹具，得电表示有夹具，失电没有夹具
9	主夹具松开(高电平有效)	1013	夹具库 4 号上是否有夹具，得电表示有夹具，失电没有夹具
10	主夹具夹紧(9，10 不能同时得电)	1014	表示副夹具夹紧
11	副夹具松开(高电平有效)	1015	表示副夹具松开
12	副夹具夹紧　(11，12 不能同时得电)	1016	主夹具头上是否安装 1 号夹具，得电表示有该夹具，失电表示没有
13	吸盘吸(高电平有效)	1017	主夹具头上是否安装 2 号夹具，得电表示有该夹具，失电表示没有
14	吸盘放　(13，14 不能同时得电)	1018	主夹具头上是否安装 3 号夹具，得电表示有该夹具，失电表示没有
123	机器人回零后得电	1019	主夹具头上是否安装 4 号夹具，得电表示有该夹具，失电表示没有

三、川崎工业机器人快换夹具应用

★ 案例一：川崎工业机器人取 1#夹具-搬运-放夹具

• 任务描述

编写程序控制川崎工业机器人取 1#夹具(位姿点 p11)，将工件从 A(位姿点 p12)搬运到 B(位姿点 p13)，然后放回 1#夹具。已知安全位姿点 p14(抓手竖直)。

• 流程图

本案例的流程图如图 7-2 所示。

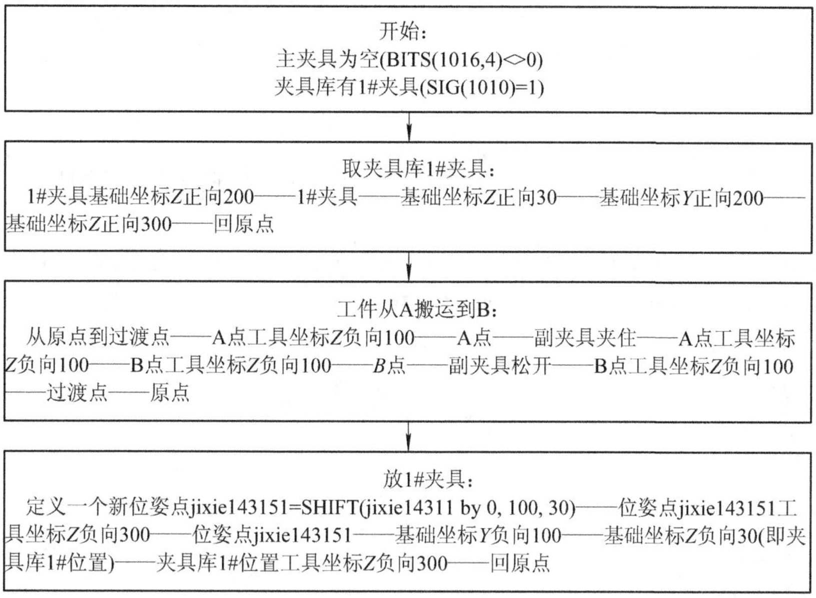

```
┌─────────────────────────────────────────────────────────────┐
│                         开始:                                 │
│               主夹具为空(BITS(1016,4)<>0)                      │
│               夹具库有1#夹具(SIG(1010)=1)                       │
└─────────────────────────────────────────────────────────────┘
                              ↓
┌─────────────────────────────────────────────────────────────┐
│                      取夹具库1#夹具:                            │
│   1#夹具基础坐标Z正向200——1#夹具——基础坐标Z正向30——基础坐标Y正向200——  │
│   基础坐标Z正向300——回原点                                      │
└─────────────────────────────────────────────────────────────┘
                              ↓
┌─────────────────────────────────────────────────────────────┐
│                      工件从A搬运到B:                           │
│   从原点到过渡点——A点工具坐标Z负向100——A点——副夹具夹住——A点工具坐标      │
│   Z负向100——B点工具坐标Z负向100——B点——副夹具松开——B点工具坐标Z负向100   │
│   ——过渡点——原点                                              │
└─────────────────────────────────────────────────────────────┘
                              ↓
┌─────────────────────────────────────────────────────────────┐
│                       放1#夹具:                               │
│   定义一个新位姿点jixie143151=SHIFT(jixie14311 by 0, 100, 30)——位姿点jixie143151工│
│   具坐标Z负向300——位姿点jixie143151——基础坐标Y负向100——基础坐标Z负向30(即夹  │
│   具库1#位置)——夹具库1#位置工具坐标Z负向300——回原点                  │
└─────────────────────────────────────────────────────────────┘
```

图 7-2 案例一流程图

· 程序分析

注意:指令大写,变量和标点符号小写;开始时主夹具上必须无夹具,夹具库上有 1# 夹具。

Main	;主程序名
SPEED 50	;机器人运动设定速度50%(实际速度 = 设定速度 × 监控速度)
HOME	;机器人回零
WHILESIG(-123) DO	;判断机器人是否回零
PRINT 2: "no home"	
PAUSE	
END	
PULSE 9, 0.2 或 OPENI 1	;主夹具松开
CALL qu1jj	;调用"取 1#夹具"子程序
CALL banyun	;调用"工件搬运"子程序
CALL fang1jj	;调用"放 1#夹具"子程序
SPEED 50	
HOME	

---

qu1jj	;子程序名,功能是"取 1# 夹具"
LAPPRO p11, 200	;到达 1# 夹具沿工具坐标定位到位姿 p11 的 Z 轴负方向 200
SPEED 10	
LMOVE p11	;到达 1# 夹具(位姿 p11)
TWAIT 0.3	

```
PULSE 10, 0.2    或 CLOSEI 1              ; 主夹具夹紧
PULSE 12, 0.2    或 CLOSEI 2              ; 副 1# 夹具夹紧
TWAIT 0.3
SPEED 10
LAPPRO p11, 30                           ; 到达 1# 夹具沿工具坐标定位到位姿 p11 的 Z 轴负方向 30

DRAW 0, 100, 0, 0, 0, 10  或 DRAW 0, 100, 0       ; 基础坐标 Y 轴正向相对移动 100
DRAW 0, 0, 300, , , , 50  或 DRAW 0, 0, 300       ; 基础坐标 Z 轴正向相对移动 300
SPEED 50
HOME
RETURN
```

```
banyun                                   ; 子程序，从某一点搬运另一点
PULSE 11, 0.2
SPEED 50
LMOVE p14                                ; 经过过渡点(位姿点 p14，在夹具库和工件之间)
LAPPRO p12, 100                          ; 到达 A 沿工具坐标定位到位姿 p12 的 Z 轴负方向 100
SPEED 20
LMOVE p12                                ; 到达 A(位姿 p12)
TWAIT0.5
PULSE 12, 0.2  或 CLOSEI 2               ; 副夹具松夹紧(夹紧工件)
TWAIT0.5
SPEED 50
LAPPRO p12, 100                          ; 到达 A 沿工具坐标定位到位姿 p12 的 Z 轴负方向 100
LAPPRO p13, 100                          ; 到达 B 沿工具坐标定位到位姿 p13 的 Z 轴负方向 100
SPEED 20
LMOVE p13                                ; 到达 B(位姿 p12)
TWAIT0.5
PULSE 11, 0.2  或 OPENI 2                ; 副夹具松开(松开工件)
TWAIT0.5
SPEED 50
LAPPRO p13, 100                          ; 到达 B 沿工具标定位到位姿 p13 的 Z 轴负方向 100
LMOVE p14                                ; 经过过渡点(位姿点 p14，在夹具库和工件之间)
HOME
RETURN
```

```
fang1jj                                  ; 子程序，放 1# 夹具
PULSE 12, 0.2
POINT p15 = SHIFT(p11 by 0, 100, 30)     ; 定义一个新位姿点 p15
```

```
SPEED 50
LAPPRO p15, 300                    ;到达新位姿点沿工具坐标定位到 P15 的 Z 轴负方向 300
SPEED 10
LMOVE p15                          ;到达新位姿点 p15
DRAW 0, -100, 0                    ;沿基础坐标 Z 轴负向移动 −100
LMOVE p11                          ;到达 1# 夹具(位姿 p11)
TWAIT 0.3
PULSE 9, 0.2    或 OPENI 1         ;主夹具松开
TWAIT 0.3
LAPPRO p11, 300                    ;到达 1# 夹具沿工具坐标定位到位姿 p11 的 Z 轴负方向 300
SPEED 50
HOME
RETURN
```

★ 案例二：拓展工业机器人取 1#夹具-搬运-放夹具

- 任务描述

前面的任务需要开始时必须主夹具上无夹具，夹具库上有 1# 夹具。本案例编写程序，要求判断主夹头是否有夹具和夹具库是否有 1# 夹具。

如果主夹头有夹具，且是 1# 夹具(位姿点 p11)，则搬运-放 1# 夹具；

如果主夹头有夹具，但不是 1# 夹具，则示教器报错"jiaju is wrong"，机器人停止；

如果主夹头无夹具，但夹具库有 1# 夹具，取 1# 夹具-搬运-放 1# 夹具；

如果主夹头无夹具，且夹具库无 1# 夹具，则示教器报错"jiajuku Does not have 1jiaju"，机器人停止。

工件从 A(位姿点 p12)搬运到 B(位姿点 p13)，已知安全位姿点 p14(抓手竖直)在夹具库和工件之间。

- 流程图

本案例流程图如图 7-3 所示。

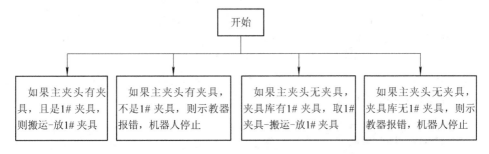

图 7-3　案例二流程图

- 程序分析

注意：开始时未知主夹具上是否有夹具，且未知夹具库上是否有 1# 夹具，需要通过机器人编程实现判断。

```
Main                                          ; 主程序名
SPEED   50
HOME
WHILE SIG(-123) DO
PAUSE
END
IF BITS(1016, 4)<>0 THEN                       ; 判断主夹具头上，是否有 1#～4# 某个夹具
IF SIG(1016) THEN                              ; 判断主夹具头上，是否是 1# 夹具
CALL banyun                                    ; 是 1# 夹具，直接搬运，放 1# 夹具
CALL fangjj
SPEED 50
HOME
ELSE                                           ; 判断主夹具头上，是否 1# 夹具
PRINT 2:   " jiaju is wrong "                  ; 不是 1# 夹具，示教器上报错，程序停止
PAUSE
END
ELSE                                           ; 判断主夹具头上，有没有 1#～4# 某个夹具
IF SIG(1010) THEN                              ; 判断夹具库有否 1# 夹具
CALL qujj                                      ; 取夹具库 1# 夹具
CALL banyun                                    ; 搬运
CALLfangjj                                     ; 放 1#夹具
SPEED 50
HOME
ELSE                                           ; 主夹具头无任何夹具，夹具库也无 1#夹具
PRINT 2:   " jiajuku does not have 1jiaju "    ; 报错
PAUSE
END
END
```

```
qujj                                          ; 子程序，取 1# 夹具
LAPPROjixe14311, 200
SPEED 10
LMOVE jixe14311
TWAIT 0.3
PULSE 10, 0.2   或 CLOSEI 1                     ; 主夹具夹紧
PULSE 12, 0.2   或 CLOSEI 2                     ; 副 1# 夹具夹紧
TWAIT 0.3
SPEED 10
```

```
LAPPROjixe14311, 30
DRAW 0, 100, 0, , , , 10   或 DRAW 0, 100, 0        ；在不需要改变倍率时
DRAW 0, 0, 300, , , , 50   或 DRAW 0, 0, 300
SPEED 50
HOME
RETURN
```

```
banyun                                      ；子程序，从某一点搬运到另一点
    PULSE 11, 0.2
    SPEED 50
    LMOVE p14
    LAPPRO p12, 100
    SPEED 20
    LMOVE p12
    TWAIT0.5
    PULSE 12, 0.2  或 CLOSEI 2              ；副夹具夹紧
    TWAIT0.5
    SPEED 50
    LAPPRO p12, 100
    LAPPRO p13, 100
    SPEED 20
    LMOVE p13
    TWAIT0.5
    PULSE 11, 0.2  或 OPENI 2               ；副夹具松开
    TWAIT0.5
    SPEED 50
    LAPPRO p13, 100
    LMOVE p14
    HOME
    RETURN
```

```
fangjj                                      ；子程序，放 1# 夹具
    PULSE 12, 0.2
    POINT p15 = SHIFT(p11 by 0, 100, 30)
    SPEED 50
    LAPPRO p15, 300
    SPEED 10
    LMOVE p15
    DRAW 0, -100, 0
```

```
LMOVE p11
TWAIT 0.3
PULSE 9, 0.2    或 OPENI 1                        ; 主夹具松开
TWAIT 0.3
LAPPRO p11, 200
SPEED 50
HOME
RETURN
```

★ 案例三：拓展工业机器人取放 1#夹具

· 任务描述

判断主夹头是否有 1# 夹具：

有 1# 夹具，且夹具库 1# 位置为空，则放 1# 夹具；

有 1# 夹具，且夹具库 1# 位置不为空(存在夹具)，则机器人回原点后，程序暂停；

无 1# 夹具，且夹具库 1# 位置有夹具，则取 1# 夹具；

无 1# 夹具，且夹具库 1# 位置无夹具，则机器人回原点后，程序暂停。

· 流程图

本案例流程图如图 7-4 所示。

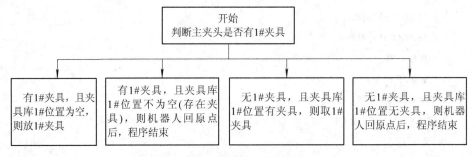

图 7-4　案例三流程图

· 程序分析

```
Main
SPEED 50
HOME
IF SIG(1016) THEN                ; 1016 = 1，主夹头有 1# 号夹具
IF SIG(-1010) THEN               ; 1010 = 0，夹具库 1 号位置为空
SPEED 50                         ; "将主夹头 1 号夹具放入夹具库 1 号位置" 开始
LAPPRO p2, 300
SPEED 10
LMOVE p2
DRAW 0, -100, 0, , , , 10
SPEED 10
```

```
LMOVE p1
TWAIT 0.3
PULSE 9, 0.2
TWAIT 0.3
LAPPRO p1, 200
SPEED 50
HOME                            ;"将主夹头 1# 号夹具放入夹具库 1# 号位置"结束
ELSE                            ; 主夹头有 1# 号夹具，夹具库 1# 号位置有夹具，则跳转至标志 h1
GOTO h1
END
ELSE
IF SIG(1010) THEN
TWAIT 0.5
PULSE 9, 0.2
SPEED 50
LAPPRO p1, 200
SPEED 10
LMOVE p1
TWAIT 0.3
TWAIT 0.3
PULSE 10, 0.2
TWAIT 0.3
SPEED 10
LAPPRO p1, 30
DRAW 0, 100, 0, , , , 10
DRAW 0, 0, 300, , , , 50
SPEED 50
HOME
ELSE
GOTO h1
END
END
h1:
SPEED 50
HOME
```

★ 案例四：拓展工业机器人取放 1#～4# 夹具

• 任务描述

判断主夹头是否有 1#～4# 某个夹具：

有 1# 夹具，则放 1# 夹具；

有 2# 夹具，则放 2# 夹具；

有 3# 夹具，则放 3# 夹具；

有 4# 夹具，则放 4# 夹具；

机器人依次：取 1# 夹具、放 1# 夹具，取 2# 夹具、放 2# 夹具，取 3# 夹具、放 3# 夹具，取 4# 夹具、放 4# 夹具。

- 流程图

本案例流程图如图 7-5 所示。

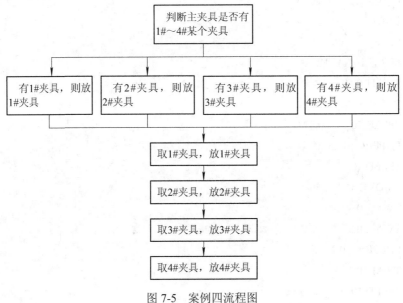

图 7-5　案例四流程图

- 程序分析

```
Main
x = 1                              ；x 表示取放夹具从 1# 开始
SPEED 50
HOME
h0:
WHILE BITS(1016, 4)<>0 DO          ；判断主夹头是否有 1#～4# 某个夹具
WHILE SIG(1016) DO                 ；有 1#夹具，则放 1# 夹具
SPEED 50
LAPPRO p2, 300
SPEED 10
LMOVE p2
DRAW 0, -100, 0, , , , 10
SPEED 10
```

```
LMOVE p1
TWAIT 0.3
PULSE 9, 0.2
TWAIT 0.3
LAPPRO p1, 200
SPEED 50
HOME
END
WHILE SIG(1017) DO                          ；有 2# 夹具，则放 2# 夹具
SPEED 50
LAPPRO p4, 300
SPEED 10
LMOVE p4
DRAW 0, -200, 0, , , , 10
SPEED 10
LMOVE p3
TWAIT 0.3
PULSE 9, 0.2
TWAIT 0.3
LAPPRO p3, 200
SPEED 50
HOME
END
WHILE SIG(1018) DO                          ；有 3# 夹具，则放 3# 夹具
SPEED 50
LAPPRO p6, 300
SPEED 10
LMOVE p6
DRAW 0, 100, 0, , , , 10
SPEED 10
LMOVE p5
TWAIT 0.3
PULSE 9, 0.2
TWAIT 0.3
LAPPRO p5, 200
SPEED 50
HOME
END
WHILE SIG(1019) DO                          ；有 4# 夹具，则放 4# 夹具
```

```
SPEED 50
LAPPRO p8, 300
SPEED 10
LMOVE p8
DRAW 0, 100, 0, , , , 10
SPEED 10
LMOVE p7
TWAIT 0.3
PULSE 9, 0.2
TWAIT 0.3
LAPPRO p7, 200
SPEED 50
HOME
END
END
CASE x OF                          ; x 变量，代表几号夹具
VALUE 1                            ; 1# 号夹具
IF SIG(1010) THEN                  ; 夹具库有 1# 号夹具，取 1# 号夹具
PULSE 9, 0.2
SPEED 50
LAPPRO p1, 200
SPEED 10
LMOVE p1
TWAIT 0.3
TWAIT 0.3
PULSE 10, 0.2
TWAIT 0.3
SPEED 10
LAPPRO p1, 30
DRAW 0, 100, 0, , , , 10
DRAW 0, 0, 300, , , , 50
SPEED 50
HOME
x = x+1
GOTO h0                            ; 跳转至 h0，放夹具
ELSE                               ; 夹具库无 1# 号夹具，跳转至 h1，重新开始
GOTO h1
END
VALUE 2                            ; 2#号夹具
```

```
IF SIG(1011) THEN              ; 夹具库有 2# 号夹具，取 2# 号夹具
PULSE 9, 0.2
SPEED 50
LAPPRO p3, 200
SPEED 10
LMOVE p3
TWAIT 0.3
TWAIT 0.3
PULSE 10, 0.2
TWAIT 0.3
SPEED 10
LAPPRO p3, 30
DRAW 0, 200, 0, , , , 10
DRAW 0, 0, 300, , , , 50
SPEED 50
HOME
x = x+1
GOTO h0                        ; 跳转至 h0，放夹具
ELSE                           ; 夹具库无 2# 号夹具，跳转至 h1，重新开始
GOTO h1
END
VALUE 3                        ; 3# 号夹具
IF SIG(1012) THEN              ; 夹具库有 3# 号夹具，取 3# 号夹具
PULSE 9, 0.2
SPEED 50
LAPPRO p5, 200
SPEED 10
LMOVE p5
TWAIT 0.3
TWAIT 0.3
PULSE 10, 0.2
TWAIT 0.3
SPEED 10
LAPPRO p5, 30
DRAW 0, -100, 0, , , , 10
DRAW 0, 0, 300, , , , 50
SPEED 50
HOME
x = x+1
```

```
GOTO h0                          ; 跳转至 h0，放夹具
ELSE                             ; 夹具库无 3# 号夹具，跳转至 h1，重新开始
GOTO h1
END
VALUE 4                          ; 4# 号夹具
IF SIG(1013) THEN                ; 夹具库有 4# 号夹具，取 4# 号夹具
PULSE 9, 0.2
SPEED 50
LAPPRO p7, 200
SPEED 10
LMOVE p7
TWAIT 0.3
TWAIT 0.3
PULSE 10, 0.2
TWAIT 0.3
SPEED 10
LAPPRO p7, 30
DRAW 0, -100, 0, , , , 10
DRAW 0, 0, 300, , , , 50
SPEED 50
HOME
x = x+1
GOTO h0                          ; 跳转至 h0，放夹具
ELSE                             ; 夹具库无 4# 号夹具，跳转至 h1，重新开始
GOTO h1
END
ANY:                             ; 其余夹具(不是 1#~4#)，跳至 h1，重新开始
GOTO h1
h1:
x = 1
GOTO h0
END
```

◇◇◇◇◇◇◇ 任务 7.2　工业机器人行走机构　◇◇◇◇◇◇◇

【任务目标】

掌握行走机构的组成和原理，会对伺服驱动器进行设置和接线；掌握西门子 S7-200PLC

的 MAP 库使用方法，能根据行走机构控制要求编程调试。

【相关知识】

一、工业机器人行走机构的组成

工业机器人行走机构主要由滑轨本体、控制系统和人机界面组成。通过行走机构，拓展了机器人运动范围，大大提高了机器人的利用率，提高了劳动的生产率。

1. 行走机构

如图 7-6 所示，工业机器人通过行走机构，在四台数控机床之间循环上下料。

图 7-6　工业机器人行走机构

2. 行走机构电控柜

如图 7-7 所示，行走机构电控柜包括西门子 S7-200 PLC、数字量扩展模块、DP 通信扩展模块、伺服驱动器和 DC24 V 开关电源组成。

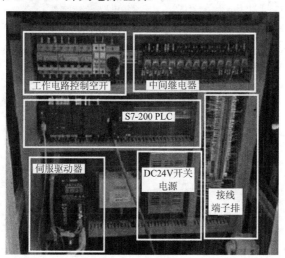

图 7-7　行走机构电控柜

3. V80 西门子伺服驱动器

1) V80 伺服驱动器外部面板

V80 西门子伺服驱动器外部面板如图 7-8 所示。

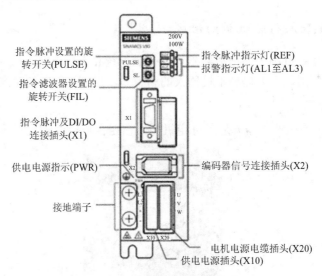

图 7-8　V80 伺服驱动器外部面板

2) 指令脉冲设置

设置 V80 西门子伺服驱动器的指令脉冲时只需把脉冲设置旋转开关设置成 8 号集电极开路或者线驱动，指令脉冲类型为方向+脉冲序列，正逻辑。指令脉冲设置如图 7-9 所示。

■ 指令脉冲设置(PULSE)

必须在装置没有通电的情况下，来设定指令脉冲(出厂设置为0)

脉冲设置旋转开关

设置	指令脉冲分辨率	指令脉冲连接方式	指令脉冲类型
0	1000	集电极开路或者线驱动线驱动	CW+CCW正逻辑
1	2500		
2	5000		CW CCW
3	10000		
4	1000	集电极开路或者线驱动	CW+CCW负逻辑
5	2500		
6	5000	线驱动	CW CCW
7	10000		
8	1000	集电极开路或者线驱动	方向+脉冲序列 正逻辑
9	2500		
A	5000	线驱动	PULS SIGN
B	10000		
C	1000	集电极开路或者线驱动	方向+脉冲序列 负逻辑
D	2500		
E	5000	线驱动	PULS SIGN
F	10000		

图 7-9　指令脉冲设置

3) 伺服驱动器 DI/DO 插头主要接口信号

伺服驱动器 DI/DO 插头主要接口信号如表 7-2 所示。

表 7-2 DI/DO 插头主要接口信号

名　　称	V80 信号	说　　明
脉冲	PULS	Q0.0
方向	SIGN	Q0.2
电源	P24V	+24V
	P24V/M	0V
信号地	M	0V
电机松闸	BK	Q0.4

二、行走机构 PLC 的 I/O 接口信号

行走机构 PLC 的 I/O 接口信号表如表 7-3 所示。

表 7-3 PLC 的 I/O 接口信号

输　入　信　号		输　出　信　号	
原点	I0.0	电机松闸	Q0.4
正限位	I0.2	脉冲发送	Q0.0
负限位	I0.3	方向	Q0.2

注意：

(1) 原点靠近正限位，所以应该正向回零，尽量向负向移动以免超程。

(2) 滚珠丝杠螺距 5 mm，导程 10 mm(双头螺纹)。

三、MAP 库使用

可以在西门子官方网站下载 S7-200 PLC 的 MAP 库，并在编程软件 STEP7-Micro/WIN 的库中"添加库"，如图 7-10 所示。

图 7-10 STEP7-Micro/WIN 添加 MAP 库

MAP 库分别对 S7-200 PLC 的高速脉冲输出口 Q0.0 和 Q0.1 进行设置，如图 7-11 所示。

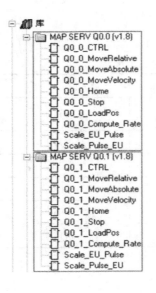

块	功　能
Q0_x_CTRL	参数定义和控制
Q0_x_MoveRelative	执行一次相对位移运动
Q0_x_MoveAbsolute	执行一次绝对位移运动
Q0_x_MoveVelocity	按预设的速度运动
Q0_x_Home	寻找参考点位置
Q0_x_Stop	停止运动
Q0_x_LoadPos	重新装载当前位置
Scale EU Pulse	将距离值转化为脉冲数
Scale Pulse EU	将脉冲数转化为距离值

图 7-11　MAP 库

① 参数定义和控制块 Q0_0_CTRL 的接口及各接口信息如图 7-12 所示。

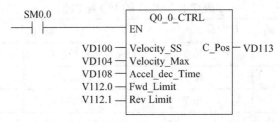

参　数	类型	格式	单　位	意　义
Velocity_SS	IN	DINT	Pulse/sec.	启动/停止频率
Velocity_Max	IN	DINT	Pulse/sec.	最大频率
accel_dec_time	IN	REAL	sec.	最大加减速时间
Fwd_Limit	IN	BOOL		正向限位开关
Rev_Limit	IN	BOOL		反向限位开关
C_Pos	OUT	DINT	Pulse	当前绝对位置

图 7-12　参数定义和控制块 Q0_0_CTRL

② 寻找参考点位置块 Q0_0_HOME 的接口及各接口信息如图 7-13 所示。

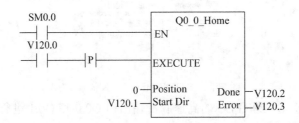

参　数	类型	格式	单位	意　义
EXECUTE	IN	BOOL		寻找参考点的执行位
Position	IN	DINT	Pulse	参考点的绝对位移
Start_Dir	IN	BOOL		寻找参考点的起始方向 (0＝反向，1＝正向)
Done	OUT	BOOL		完成位(1＝完成)
Error	OUT	BOOL		故障位(1＝故障)

图 7-13　寻找参考点位置块 Q0_0_HOME

③ 相对位移移动块 Q0_0_MoveRelative 的接口及各接口的信息如图 7-14 所示。

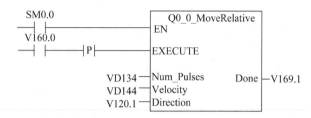

参　数	类型	格式	单位	意　义
EXECUTE	IN	BOOL		相对位移运动的执行位
Num_Pulses	IN	DINT	Pulse	相对位移(必须>1)
Velocity	IN	DINT	Pulse/sec.	预置频率 (Veloctiy_SS<=Velocity<=Velocity_Max)
Direction	IN	BOOL		预置方向 (0=反向，1=正向)
Done	OUT	BOOL		完成位(1=完成)

图 7-14　相对位移移动块 Q0_0_MoveRelative

④ 绝对位移移动块 Q0_0_MoveAbsolute 的接口及各接口的信息如图 7-15 所示。

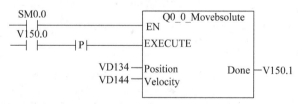

参　数	类型	格式	单位	意　义
EXECUTE	IN	BOOL		绝对位移运动的执行位
Position	IN	DINT	Pulse	绝对位移
Velocity	IN	DINT	Pulse/sec.	预置频率 (Veloctiy_SS<=Velocity<=Velocity_Max)
Done	OUT	BOOL		完成位(1=完成)

图 7-15　绝对位移移动块 Q0_0_MoveAbsolute

⑤ 按预设的速度运动块 Q0_0_MoveVelocity 的接口及各接口的信息如图 7-16 所示。

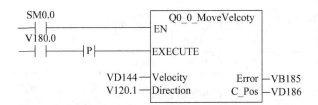

参　数	类型	格式	单位	意　义
EXECUTE	IN	BOOL		执行位
Velocity	IN	DINT	Pulse/sec.	预置频率 (Veloctiy_SS<=Velocity<=Velocity_Max)
Direction	IN	BOOL		预置方向 (0=反向，1=正向)
Error	OUT	BYTE		故障标识 (0=无故障，1=立即停止，3=执行错误)
C_Pos	OUT	BOOL	Pulse	当前绝对位置

图 7-16　按预设的速度运动块 Q0_0_MoveVelocity

⑥ 停止运动块 Q0_0_STOP 的接口及各接口信息如图 7-17 所示。

参　数	类型	格式	单位	意　义
EXECUTE	IN	BOOL		执行位
Done	OUT	BOOL		完成位(1 = 完成)

图 7-17　停止运动块 Q0_0_STOP

⑦ 将距离值转化为脉冲数块 Scale_EU_PULSE 的接口及各接口信息如图 7-18 所示。

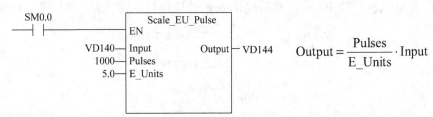

$$Output = \frac{Pulses}{E\_Units} \cdot Input$$

参　数	类型	格式	单位	意　义
Input	IN	REAL	mm or mm/s	欲转换的位移或速度
Pulses	IN	DINT	Pulse/revol.	电机转一圈所需要的脉冲数
E_Units	IN	REAL	mm/revol.	电机转一圈所产生的位移
Output	OUT	DINT	Pulse or Pulse/s	转换后的脉冲数或脉冲频率

图 7-18　将距离值转化为脉冲数块 Scale_EU_PULSE

⑧ 将脉冲数转化为距离值块 Scale_PULSE_EU 的接口及各接口信息如图 7-19 所示。

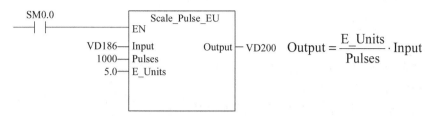

$$Output = \frac{E\_Units}{Pulses} \cdot Input$$

参 数	类型	格式	单 位	意 义
Input	IN	REAL	Pulse or Pulse/s	欲转换的脉冲数或脉冲频率
Pulses	IN	DINT	Pulse/revol.	电机转一圈所需要的脉冲数
E_Units	IN	REAL	mm/revol.	电机转一圈所产生的位移
Output	OUT	DINT	mm or mm/s	转换后的位移或速度

图 7-19　将脉冲数转化为距离值块 Scale_PULSE_EU

注意：当使用 S7-200 PLC 的 MAP 库实现行走机构的伺服驱动控制时，Q0.2 方向信号无需赋值，只用于显示方向。

四、MCGS I/O 信号地址及人机界面

行走机构的 MCGS I/O 信号地址如表 7-4 所示，人机界面如图 7-20 所示。

表 7-4　行走机构的 MCGS I/O 信号地址

功　能	地　址	功　能	地　址
回零	V0.0	正向相对移动	V0.5
正向移动	V0.1	反向相对移动	V0.6
反向移动	V0.2	绝对位置输入框	VD50
停止	V0.3	正相对位移输入框	VD54
绝对移动	V0.4	反相对位移输入框	VD58

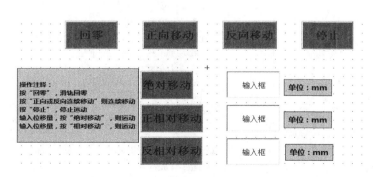

图 7-20　人机界面

五、PLC 控制要求和示例程序

PLC 控制要求如下：

(1) 按"回零"，滑轨回零；

(2) 按"正向或反向连续移动"则连续移动；

(3) 按"停止"，停止运动；

(4) 输入位移量，按"绝对移动"，则绝对移动；

(5) 输入位移量，按"相对移动"，则相对移动。

示例参考程序如图 7-21 所示。

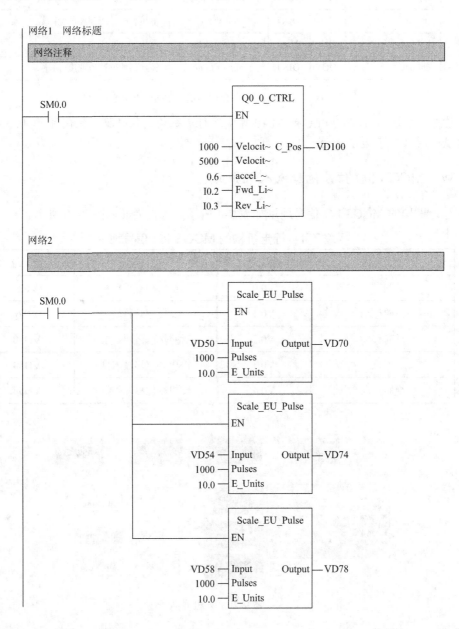

网络3

SM0.1　　　　　　伺服开：Q0.4
├┤├─────────────(S)
　　　　　　　　　　　　1
　　　　　　　　正向回零：V10.0
　　　　　　├───────(S)
　　　　　　　　　　　　1
　　　　　　　　正向移动：V10.1
　　　　　　├───────(S)
　　　　　　　　　　　　1
　　　　　　　　负向移动：V10.2
　　　　　　├───────(R)
　　　　　　　　　　　　1

网络4

SM0.0　　　　　　　　　　　　　┌──────────────┐
├┤├──────────────────┤ Q0_0_Home　　│
　　　　　　　　　　　　　　　│EN　　　　　　│
回零按钮：V0.0　　　　　　　　│　　　　　　　│
├┤├───────┤P├───────┤EXECU~　　　　│
　　　　　　　　　　　　　　　│　　　　　　　│
　　　　　　　　　　　0 ──┤Position　Done├── V20.0
　　　　正向回零：V10.0 ──┤Start Dir　Error├── V20.1
　　　　　　　　　　　　　　　└──────────────┘

网络5

SM0.0　　　　　　　　　　　　　┌──────────────┐
├┤├──────────────────┤ Q0_0_MoveVelo~│
　　　　　　　　　　　　　　　│EN　　　　　　│
正向移动按~：V0.1　　　　　　│　　　　　　　│
├┤├───────┤P├───────┤EXECU~　　　　│
　　　　　　　　　　　　　　　│　　　　　　　│
　　　　　　　　　　5000 ──┤Velocity　Error├── VB104
　　　　正向移动：V10.1 ──┤Direction　C_Pos├── VD105
　　　　　　　　　　　　　　　└──────────────┘

网络6

SM0.0　　　　　　　　　　　　　┌──────────────┐
├┤├──────────────────┤ Q0_0_MoveVelo~│
　　　　　　　　　　　　　　　│EN　　　　　　│
负向移动按~：V0.2　　　　　　│　　　　　　　│
├┤├───────┤P├───────┤EXECU~　　　　│
　　　　　　　　　　　　　　　│　　　　　　　│
　　　　　　　　　　5000 ──┤Velocity　Error├── VB109
　　　　负向移动：V10.2 ──┤Direction　C_Pos├── VD110
　　　　　　　　　　　　　　　└──────────────┘

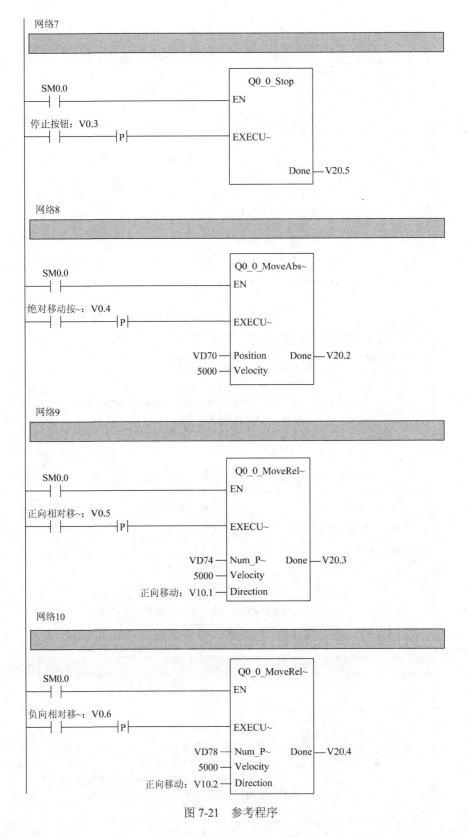

图 7-21　参考程序

任务 7.3　立体仓库出库、入库和移库功能设计

【任务目标】

掌握立体仓库的组成，掌握西门子 S7-200 PLC 的 MAP 库使用方法，能根据立体仓库入库、出库和移库的控制要求编程调试。

【相关知识】

一、立体仓库

立体仓库外观如图 7-22 所示，其组成部分如下：

(1) 传感器：接近开关 8 个(横轴、竖轴的限位和原点各 3 个，暂存台 2 个)；

(2) 启动、停止、急停按钮各 1 个；

(3) 西门子 V80 伺服驱动器和伺服电动机 2 套(横轴、竖轴)；

(4) 电磁阀、气缸、货柜 1 套；

(5) 晶体管输出型 PLC。

图 7-22　立体仓库

二、立体仓库控制要求

立体仓库主程序流程图如图 7-23 所示。

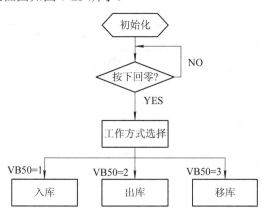

图 7-23　主程序流程图

1. 入库功能

货柜回零→选择工作方式 1(入库)→选择入库库位→如果出入口平台有工件→货柜移动至出入口平台→货柜伸出→货柜上升→货柜缩回→货柜移动至指定入库库位→货柜伸出→货柜下降→货柜缩回。入库控制流程图如图 7-24 所示。

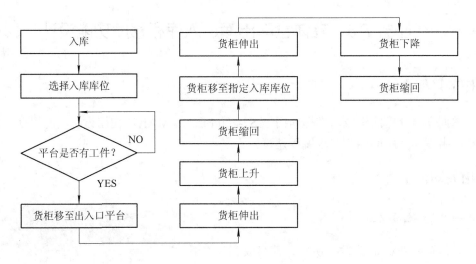

图 7-24 入库控制流程图

2. 出库功能

货柜回零→选择工作方式 2(出库)→选择出库库位→如果出入口平台无工件→货柜移动至指定出库库位→货柜伸出→货柜上升→货柜缩回→货柜移动至出入口平台→货柜伸出→货柜下降→货柜缩回。出库控制流程图如图 7-25 所示。

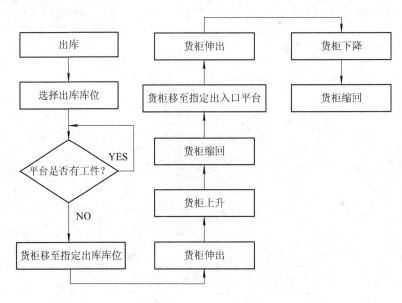

图 7-25 出库控制流程图

3. 移库功能

货柜回零→选择工作方式 3(移库)→选择出库库位→选择入库库位→货柜移动至指定出库库位→货柜伸出→货柜上升→货柜缩回→货柜移动至指定入库库位→货柜伸出→货柜下降→货柜缩回。移库控制流程图如图 7-26 所示。

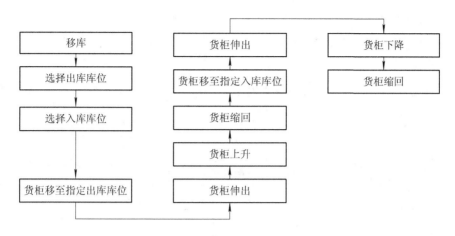

图 7-26　移库控制流程图

三、立体仓库的 PLC I/O 信号表

立体仓库的 PLC I/O 信号表如表 7-5 所示。

表 7-5　立体仓库的 PLC I/O 信号

输　入　信　号		输　出　信　号	
横轴原点	I0.0	横轴脉冲	Q0.0
横轴正限位(左限位)	I0.5	竖轴脉冲	Q0.1
横轴负限位(右限位)	I0.4	气缸	Q0.4
竖轴原点	I0.1	横轴、竖轴使能	Q0.6、Q0.7
竖轴正限位(下限位)	I0.2		
竖轴负限位(上限位)	I0.3		
暂存台有料	I0.6、I0.7		
气缸伸出检测	I1.0		
气缸缩回检测	I1.1		
工作方式选择(上位机)	VB50 = 1 入库 VB50 = 2 出库 VB50 = 3 移库		
入库库位选择(上位机)	VB40		
出库库位选择(上位机)	VB42		
启动按钮	I1.2		
停止按钮	I1.3		

四、参考示例程序

1. 主程序

立体仓库主程序示例程序如图 7-27 所示。

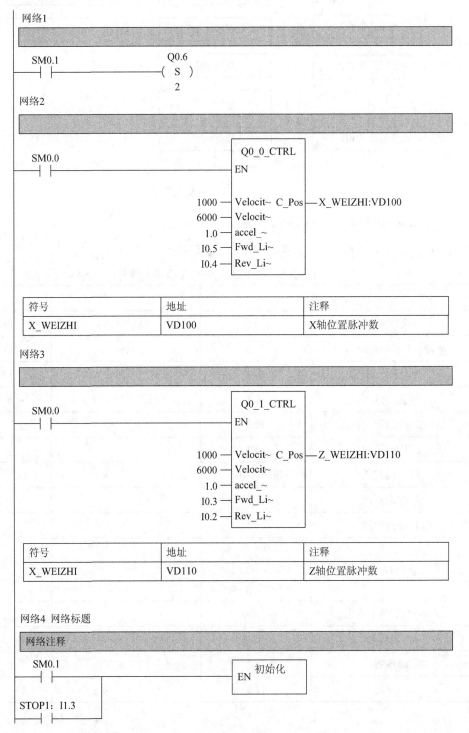

网络1

```
SM0.1                          Q0.6
──┤ ├──────────────────────( S )
                                2
```

网络2

```
SM0.0                      ┌─────────────┐
──┤ ├──────────────────────┤EN  Q0_0_CTRL│
                           │             │
               1000 ───────┤Velocit~ C_Pos├─── X_WEIZHI:VD100
               6000 ───────┤Velocit~     │
                1.0 ───────┤accel_~      │
                I0.5 ───────┤Fwd_Li~      │
                I0.4 ───────┤Rev_Li~      │
                           └─────────────┘
```

符号	地址	注释
X_WEIZHI	VD100	X轴位置脉冲数

网络3

```
SM0.0                      ┌─────────────┐
──┤ ├──────────────────────┤EN  Q0_1_CTRL│
                           │             │
               1000 ───────┤Velocit~ C_Pos├─── Z_WEIZHI:VD110
               6000 ───────┤Velocit~     │
                1.0 ───────┤accel_~      │
                I0.3 ───────┤Fwd_Li~      │
                I0.2 ───────┤Rev_Li~      │
                           └─────────────┘
```

符号	地址	注释
X_WEIZHI	VD110	Z轴位置脉冲数

网络4 网络标题

网络注释

```
SM0.1                          ┌────────┐
──┤ ├────────────┬─────────────┤EN 初始化│
                 │             └────────┘
STOP1: I1.3      │
──┤ ├────────────┘
```

网络5

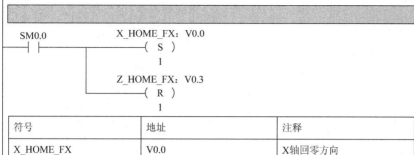

符号	地址	注释
X_HOME_FX	V0.0	X轴回零方向
Z_HOME_FX	V0.3	Z轴回零方向

网络6

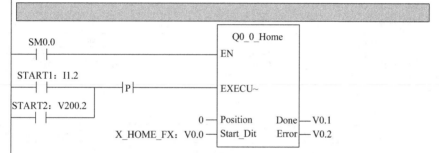

符号	地址	注释
START1	I1.2	启动按钮
START2	V200.0	上位启动按钮
X_HOME_FX	V0.0	X轴回零方向

网络7

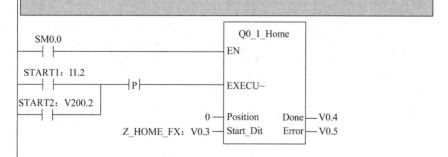

符号	地址	注释
START1	I1.2	启动按钮
START2	V200.0	上位启动按钮
Z_HOME_FX	V0.3	Z轴回零方向

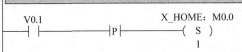

V0.1	X_HOME：M0.0
	┤ ├ ─┤P├─ ─(S)
	1

符号	地址	注释
X_HOME	M0.0	X轴已经回零

网络9

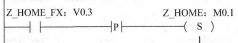

| Z_HOME_FX：V0.3 | Z_HOME：M0.1 |
| ─┤ ├─ ─┤P├─ ─(S) |
| | 1 |

符号	地址	注释
Z_HOME	M0.1	Z轴已经回零
Z_HOME_FX	V0.3	Z轴回零方向

网络10

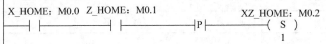

| X_HOME：M0.0 Z_HOME：M0.1 | XZ_HOME：M0.2 |
| ─┤ ├─ ─┤ ├─ ─┤P├─ ─(S) |
| | 1 |

符号	地址	注释
X_HOME	M0.0	X轴已经回零
XZ_HOME	M0.2	XZ轴都已经回零
Z_HOME	M0.1	Z轴已经回零

网络11

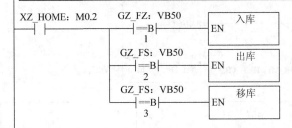

符号	地址	注释
GZ_FS	VB50	工作方式
XZ_HOME	M0.2	XZ轴都已经回零

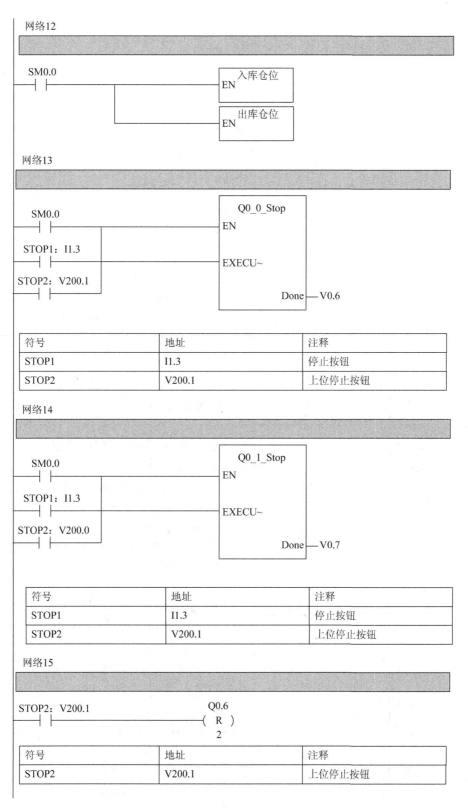

网络12

| SM0.0 | | 入库仓位
EN |
| | | 出库仓位
EN |

网络13

SM0.0
STOP1：I1.3
STOP2：V200.1

Q0_0_Stop
EN
EXECU~
Done — V0.6

符号	地址	注释
STOP1	I1.3	停止按钮
STOP2	V200.1	上位停止按钮

网络14

SM0.0
STOP1：I1.3
STOP2：V200.0

Q0_1_Stop
EN
EXECU~
Done — V0.7

符号	地址	注释
STOP1	I1.3	停止按钮
STOP2	V200.1	上位停止按钮

网络15

STOP2：V200.1   Q0.6
—(R)—
2

符号	地址	注释
STOP2	V200.1	上位停止按钮

图 7-27　主程序示例程序

2. 初始化子程序

立体仓库初始化子程序示例程序如图 7-28 所示。

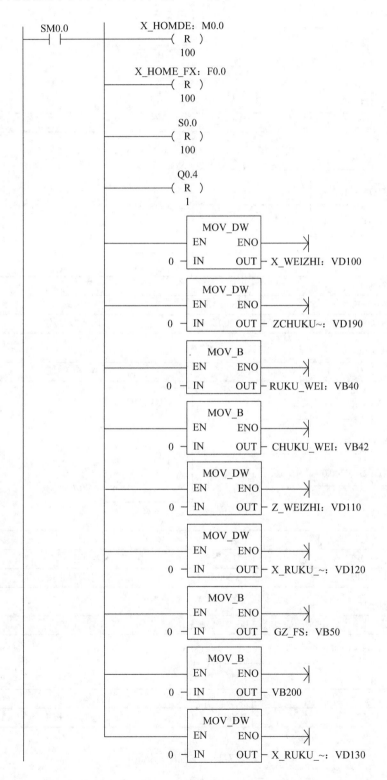

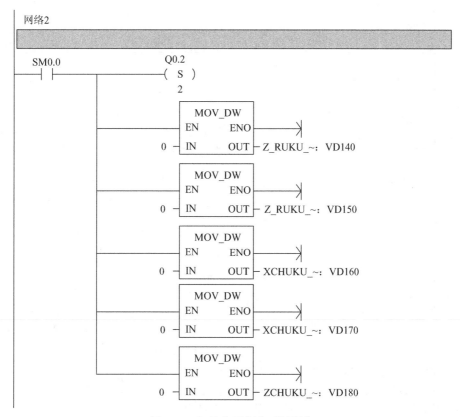

图 7-28　初始化子程序示例程序

3. 入库子程序

立体仓库的入库子程序示例程序如图 7-29 所示。

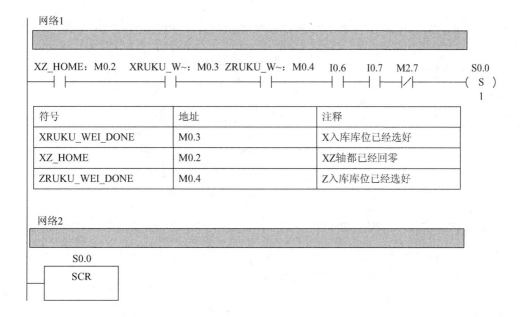

符号	地址	注释
XRUKU_WEI_DONE	M0.3	X入库库位已经选好
XZ_HOME	M0.2	XZ轴都已经回零
ZRUKU_WEI_DONE	M0.4	Z入库库位已经选好

网络3

S0.0　　　　　M2.7
├─┤ ├──────(S)
　　　　　　　　1

网络4

S0.0
├─┤ ├──────┬──────────────────┐
　　　　　　　│　　　　　　T38
　　　　　　　│　　EN　　　TON
　　　　　　　│　5 ─┤PT　　100 ms
　　　　　　　│
　　　　　　　│　　　　　　T62
　　　　　　　└──EN　　　TON
　　　　　　　 150 ─┤PT　　100 ms

网络5

　　　　　　　　　　　　　Q0_0_MoveAbs~
S0.0
├─┤ ├───────────────────EN

T38
├─┤ ├──────┤P├───────────EXECU~

　　　　　8300 ─ Position　　Done ─ V1.0
　　　　　5000 ─ Velocity

网络6

　　　　　　　　　　　　　Q0_1_MoveAbs~
S0.0
├─┤ ├───────────────────EN

T38
├─┤ ├──────┤P├───────────EXECU~

　　　　　2000 ─ Position　　Done ─ V1.1
　　　　　5000 ─ Velocity

网络7

V1.0　　　　　　　　　　　M0.5
├─┤/├──────┤N├────────(S)
　　　　　　　　　　　　　　1

网络8

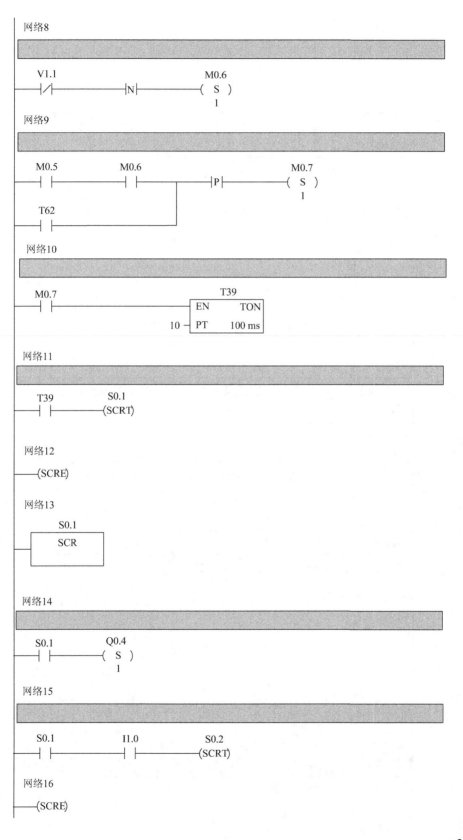

网络9

网络10

网络11

网络12

网络13

网络14

网络15

网络16

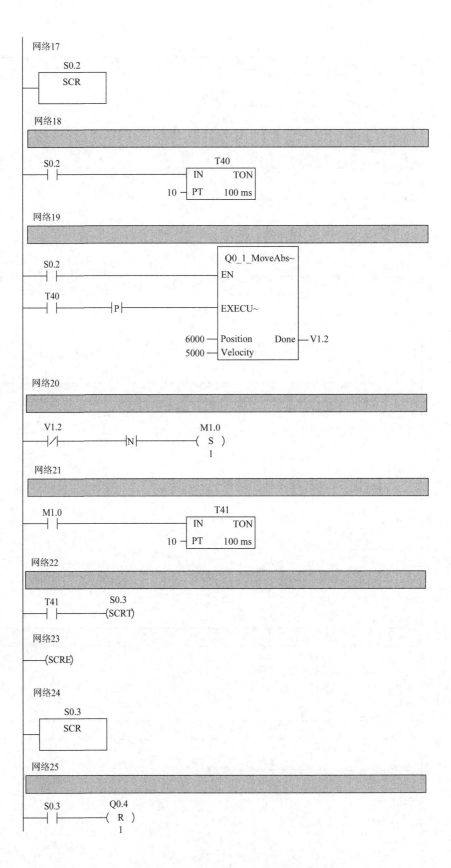

网络17

S0.2
SCR

网络18

S0.2
T40
IN   TON
10 — PT   100 ms

网络19

S0.2
Q0_1_MoveAbs~
EN

T40
|P|
EXECU~

6000 — Position   Done — V1.2
5000 — Velocity

网络20

V1.2
M1.0
—|/|—   —|N|—   (S)
                              1

网络21

M1.0
T41
IN   TON
10 — PT   100 ms

网络22

T41   S0.3
—| |—(SCRT)

网络23

—(SCRE)

网络24

S0.3
SCR

网络25

S0.3   Q0.4
—| |—(R)
              1

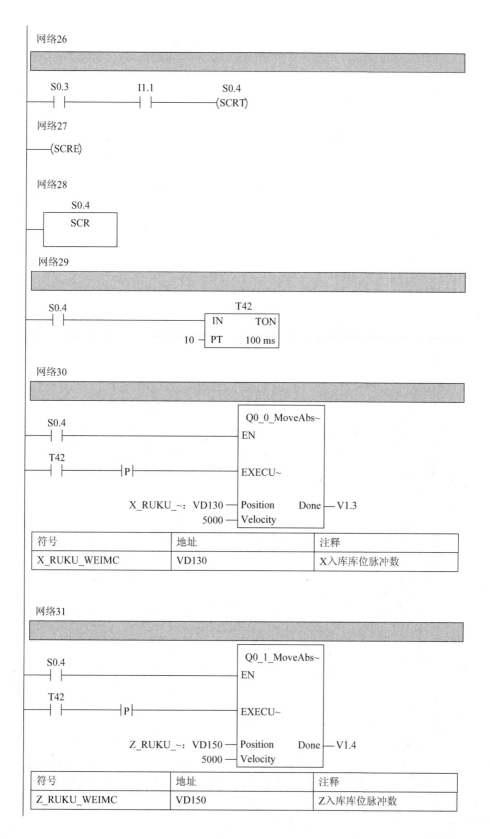

网络26

S0.3   I1.1   S0.4
──┤ ├───────┤ ├────────(SCRT)

网络27

───(SCRE)

网络28

S0.4
┌──────────┐
│   SCR   │
└──────────┘

网络29

S0.4   T42
──┤ ├──────────────────┤IN   TON │
                    10 ─┤PT   100 ms│

网络30

S0.4   ┌ Q0_0_MoveAbs~ ┐
──┤ ├─────────────────────────┤EN   │
                              │   │
T42   │   │
──┤ ├──────────┤P├────────────┤EXECU~   │
                              │   │
X_RUKU_~: VD130 ──────────────┤Position   Done├─ V1.3
          5000 ───────────────┤Velocity   │
                              └───────────────┘

符号	地址	注释
X_RUKU_WEIMC	VD130	X入库库位脉冲数

网络31

S0.4   ┌ Q0_1_MoveAbs~ ┐
──┤ ├─────────────────────────┤EN   │
                              │   │
T42   │   │
──┤ ├──────────┤P├────────────┤EXECU~   │
                              │   │
Z_RUKU_~: VD150 ──────────────┤Position   Done├─ V1.4
          5000 ───────────────┤Velocity   │
                              └───────────────┘

符号	地址	注释
Z_RUKU_WEIMC	VD150	Z入库库位脉冲数

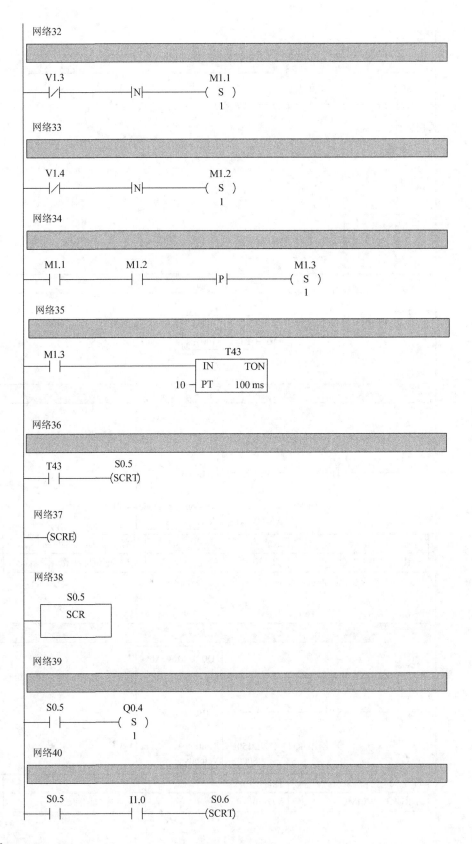

网络32

V1.3   M1.1
─┤/├──────────┤N├──────(S)
                                             1

网络33

V1.4   M1.2
─┤/├──────────┤N├──────(S)
                                             1

网络34

M1.1   M1.2   M1.3
─┤ ├──────┤ ├──────────┤P├──────(S)
                                             1

网络35

M1.3   T43
─┤ ├───────────┤IN   TON
                10 ─┤PT   100 ms

网络36

T43   S0.5
─┤ ├──(SCRT)

网络37

──(SCRE)

网络38

     S0.5
   ┌──────┐
   │ SCR   │
   └──────┘

网络39

S0.5   Q0.4
─┤ ├──────(S)
                  1

网络40

S0.5   I1.0   S0.6
─┤ ├──────┤ ├──────(SCRT)

网络41

——(SCRE)

网络42

S0.6
SCR

网络43

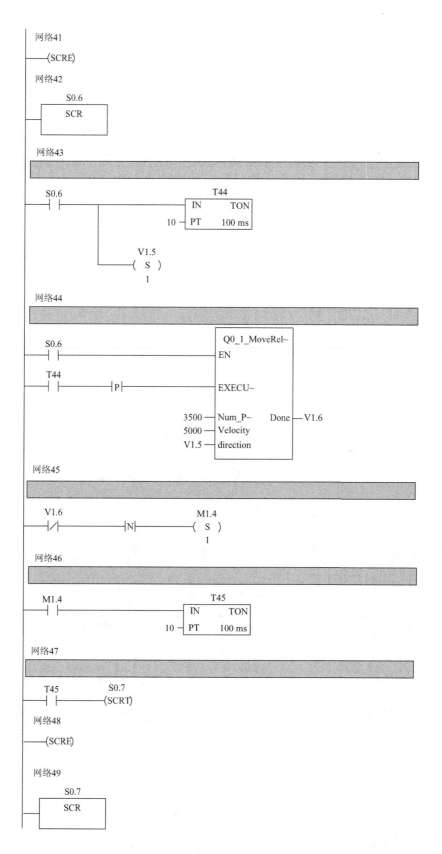

网络44

网络45

网络46

网络47

网络48

——(SCRE)

网络49

S0.7
SCR

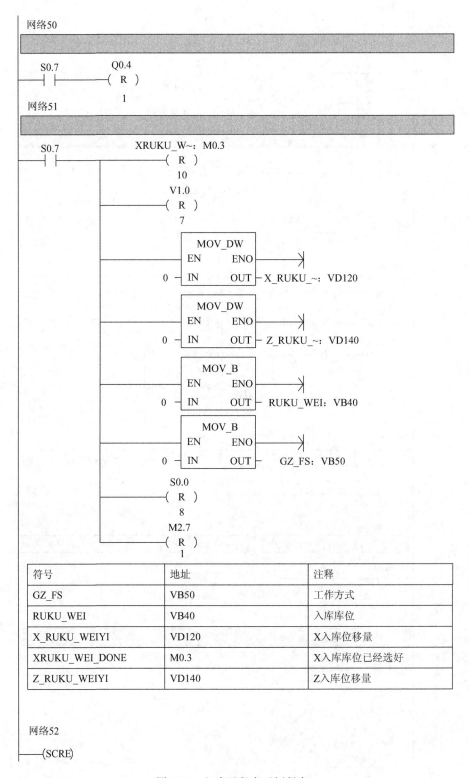

网络50

S0.7 ── Q0.4
├─┤ ├──────(R)
                1

网络51

S0.7 ──── XRUKU_W~: M0.3
├─┤ ├──────(R)
                10
           V1.0
          ─(R)
                7

           ┌─── MOV_DW ───┐
           │ EN   ENO │
       0 ─┤ IN   OUT ├─ X_RUKU_~: VD120
           └─────────────┘

           ┌─── MOV_DW ───┐
           │ EN   ENO │
       0 ─┤ IN   OUT ├─ Z_RUKU_~: VD140
           └─────────────┘

           ┌─── MOV_B ───┐
           │ EN   ENO │
       0 ─┤ IN   OUT ├─ RUKU_WEI: VB40
           └─────────────┘

           ┌─── MOV_B ───┐
           │ EN   ENO │
       0 ─┤ IN   OUT ├─ GZ_FS: VB50
           └─────────────┘

           S0.0
          ─(R)
                8
           M2.7
          ─(R)
                1

符号	地址	注释
GZ_FS	VB50	工作方式
RUKU_WEI	VB40	入库库位
X_RUKU_WEIYI	VD120	X入库位移量
XRUKU_WEI_DONE	M0.3	X入库库位已经选好
Z_RUKU_WEIYI	VD140	Z入库位移量

网络52

──(SCRE)

图 7-29　入库子程序示例程序

4. 入库库位子程序

立体仓库的入库库位子程序示例程序如图 7-30 所示。

网络1 网络标题

网络注释

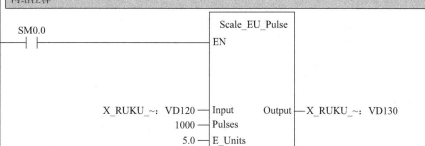

符号	地址	注释
X_RUKU_WEIMC	VD130	X入库库位脉冲数
X_RUKU_WEIYI	VD120	X入库位移量

网络2 网络标题

网络注释

符号	地址	注释
Z_RUKU_WEIMC	VD150	Z入库库位脉冲数
Z_RUKU_WEIYI	VD140	Z入库位移量

网络3

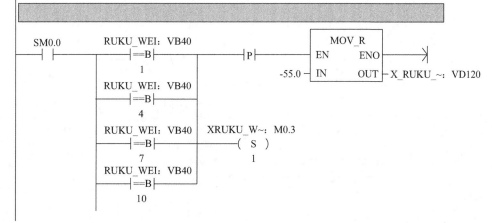

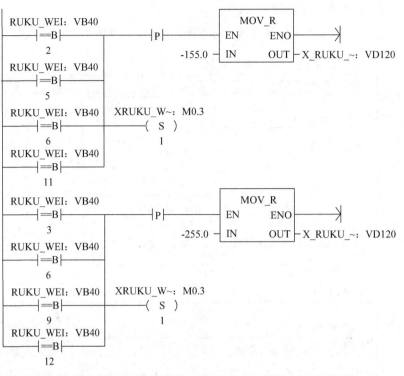

符号	地址	注释
RUKU_WEI	VB40	入库库位
X_RUKU_WEIYI	VD120	X入库位移量
XRUKU_WEI_DONE	M0.3	X入库库位已经选好

网络4

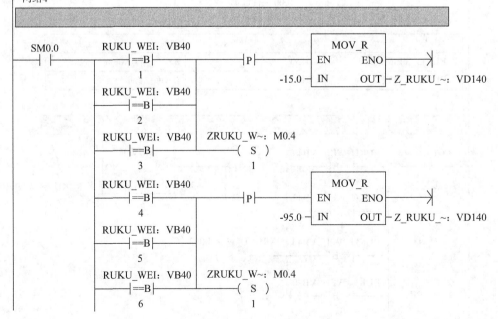

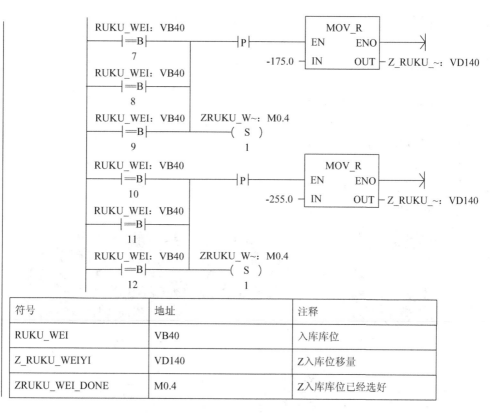

符号	地址	注释
RUKU_WEI	VB40	入库库位
Z_RUKU_WEIYI	VD140	Z入库位移量
ZRUKU_WEI_DONE	M0.4	Z入库库位已经选好

图 7-30 入库库位子程序示例程序

5. 出库子程序

程序省略。

6. 出库库位子程序

程序省略。

7. 移库子程序

程序省略。

◇◇◇◇◇◇ 任务 7.4 工业机器人与数控机床集成设计 ◇◇◇◇◇◇◇

【任务目标】

以西门子 828D 数控机床的川崎工业机器人自动上下料为例，掌握数控机床的电气改造，掌握数控机床 I/O 信号与对接信号。能使用西门子 828D 数控机床的编程工具 Programming Tool PLC 828 V3.2 来设计数控机床的 PLC 梯形图；能根据数控机床工艺要求，编程和调试工业机器人在数控机床上下料的程序。

【相关知识】

一、西门子 828D 数控机床基础知识

1. 828D 数控机床系统组成

(1) 面板操作单元 PCU210.3：(Panel Control Unit)

(2) 键盘 MDI(Manual Data Input)

(3) 机床操作面板 MCP(Machine Control Panel)

(4) I/O 模块 PP72/48D PN

828D 数据机床的控制模块如图 7-31 所示。

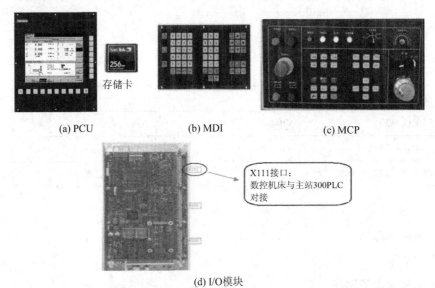

(a) PCU   (b) MDI   (c) MCP

存储卡

X111接口：
数控机床与主站300PLC
对接

(d) I/O模块

图 7-31　828D 数控机床控制模块

PP72/48D PN 是 828D 数控机床 PLC 的 I/O 模块，该模块通过 PROFINET 与 PLC CPU 连接，可提供 72 个数字输入和 48 个数字输出，输出的驱动能力为 0.25 A。

2. 828D 数控雕铣机床新增 M 指令

M60-放料的玻璃板雕刻机床准备信号。

M61-玻璃板雕刻加工完成信号。

3. 工业机器人新增接口功能

机器人输出 126——数控雕铣机气动门打开。

机器人输出 127——数控雕铣机气动门关闭。

机器人输出 128——数控雕铣机液压夹具打开。

机器人输出 129——数控雕铣机液压夹具关闭。

二、西门子 828D 数控机床的 PLC 开发

对于数控系统的 PLC 开发，通过利用 PLC 编程工具 Programming Tool PLC 828 V3.2

或更高版本，来设计数控机床的电气逻辑 PLC 梯形图。

1. Programming Tool PLC 的通信

1) 编程工具中设置通信接口及连接

828D 数控机床的通信接口如图 7-32 所示。

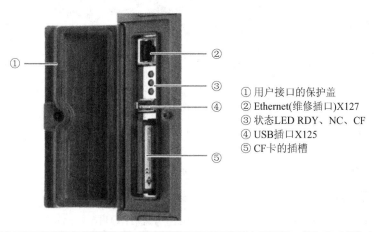

① 用户接口的保护盖
② Ethernet(维修插口)X127
③ 状态LED RDY、NC、CF
④ USB插口X125
⑤ CF卡的插槽

图 7-32　828D 数控机床通信接口

2) 编程工具中建立网络连接

(1) 启动编程工具。

(2) 点击浏览栏中的"通信"按钮，或选择菜单指令"检视" → "通信"。

(3) 在左侧的"通信参数"下输入 X127 的 IP 地址 192.168.215.1。

(4) 双击右上方的按钮"TCP/IP"。

(5) 在打开的"PG/PC 接口"对话框中选择 PG/PC 的 TCP/IP 协议。

828D 数控机床 PLC 通信设置如图 7-33 所示。

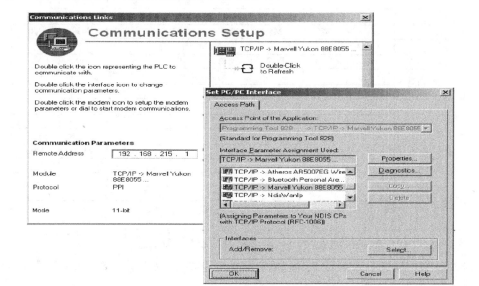

图 7-33　828D 数控机床 PLC 通信设置

(6) 按下"确认"。

(7) 双击按钮"双击刷新",建立连接。成功建立连接后,按钮周围会出现绿色边框。
828D 数控机床 PLC 通信连接如图 7-34 所示。

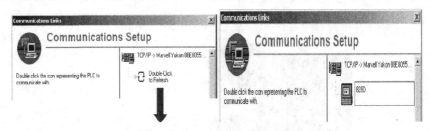

图 7-34　828D 数控机床 PLC 通信连接

(8) 如果没有成功建立连接,可能需要取消以下设置:

选择"设置"→"网络连接"→"本地连接"→"属性"→"高级"→"Windows 防火墙"→"设置"→"高级":取消勾选选项"本地连接"。

2．西门子 828D 数控机床的 M 指令开发

(1) 面板用户自定义按键 T1～T15:I118.1～I119.7/Q116.1～Q117.7;

(2) 工作方式:DB3100.DBX0.0～DB3100.DBX0.2;

(3) M 代码:DB2500.DBX1000～DB2500.DBX1012。

828D 数控机床 M 译码信号如图 7-35 所示。

说明:

① 作为 PLC 用户,必须从动态 M 功能自行生成基本功能。

② 动态 M 功能译码的地址可以任意在表格中选择,但要选择机床没有用过的地址。

DB2500	来自NCK通道的M功能[r] NCK到PLC的接口 [1)2)]							
字节	位7	位6	位5	位4	位3	位2	位1	位0
1000	动态M功能							
	M7	M6	M5	M4	M3	M2	M1	M0
1001	动态M功能							
	M15	M14	M13	M12	M11	M10	M9	M8
1002	动态M功能							
	M23	M22	M21	M20	M19	M18	M17	M16
...	...							
1012	动态M功能							
				M99	M98	M17	M96	
1013								
1014								
1015								

图 7-35　828D 数控机床 M 译码信号

3．828D 数控雕铣机床安全门和液压夹具 PLC 控制

828D 数控雕铣机床的 CNC 和 PLC 信号传递如表 7-6 所示,828D 数控雕铣机床 PLC 的 I/O 信号如表 7-7 所示。

828D 数控雕铣机床程序块如图 7-36 所示。

表 7-6　828D 数控雕铣机床的 CNC 和 PLC 信号传递

CNC→PLC		CNC←PLC	
功　能	地　址	功　能	地　址
急停	DB2600.DBX0.1	进给保持(进给轴不动)	DB3200.DBX6.0
自动工作方式	DB3100.DBX0.0	读入禁止(NC 停止程序执行)	DB3200.DBX6.1
MDA 工作方式	DB3100.DBX0.1		
M60 放料的玻璃板雕刻机床准备信号	DB2500.DBX1007.4		
M61 玻璃板雕刻加工完成信号	DB2500.DBX1007.5		

表 7-7　828D 数控雕铣机床 PLC 的 I/O 信号

PLC 输入接口信号(I)		PLC 输出接口信号(Q)	
功　能	地址	功　能	地址
安全门按钮(机床操作面板的用户自定义按键)	I119.0	安全门打开	Q2.0
液压夹具关按钮(机床操作面板的用户自定义按键)	I119.3	安全门关闭	Q2.1
液压夹具开按钮(机床操作面板的用户自定义按键)	I119.4	液压夹具打开	Q2.2
机器人传给安全门开	I3.0	液压夹具关闭	Q2.3
机器人传给安全门关	I3.1	开始加工	Q2.7
机器人传给夹具开	I3.2	加工完成	Q3.0
机器人传给夹具关	I3.3	安全门开灯(按钮一体式)	Q117.0
油压异常传感器	I4.6	夹具开灯(按钮一体式)	Q117.3
		夹具关灯(按钮一体式)	Q117.4

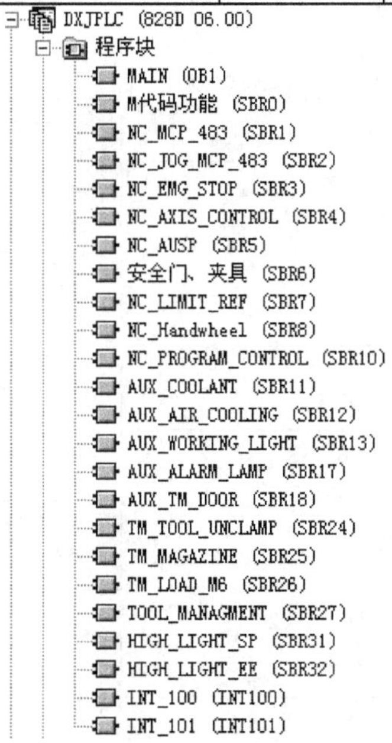

```
日─ DXJPLC (828D 06.00)
  日─ 程序块
      ─ MAIN (OB1)
      ─ M代码功能 (SBR0)
      ─ NC_MCP_483 (SBR1)
      ─ NC_JOG_MCP_483 (SBR2)
      ─ NC_EMG_STOP (SBR3)
      ─ NC_AXIS_CONTROL (SBR4)
      ─ NC_AUSP (SBR5)
      ─ 安全门、夹具 (SBR6)
      ─ NC_LIMIT_REF (SBR7)
      ─ NC_Handwheel (SBR8)
      ─ NC_PROGRAM_CONTROL (SBR10)
      ─ AUX_COOLANT (SBR11)
      ─ AUX_AIR_COOLING (SBR12)
      ─ AUX_WORKING_LIGHT (SBR13)
      ─ AUX_ALARM_LAMP (SBR17)
      ─ AUX_TM_DOOR (SBR18)
      ─ TM_TOOL_UNCLAMP (SBR24)
      ─ TM_MAGAZINE (SBR25)
      ─ TM_LOAD_M6 (SBR26)
      ─ TOOL_MANAGMENT (SBR27)
      ─ HIGH_LIGHT_SP (SBR31)
      ─ HIGH_LIGHT_EE (SBR32)
      ─ INT_100 (INT100)
      ─ INT_101 (INT101)
```

图 7-36　828D 数控雕铣机床程序块

1) 主程序 OB1

828D 数控雕铣机床 PLC 程序由主程序 OB1 和各子程序 SBR** 组成，主程序很简单，即始终调用子程序。数控机床的各功能均在子程序中实现。主程序如图 7-37 所示，网络 1～9 是机床出厂自带的 PLC 程序，由机床厂家工程师设计，网络 10 是新开发的 PLC 程序，用于数控雕铣机床和机器人对接。

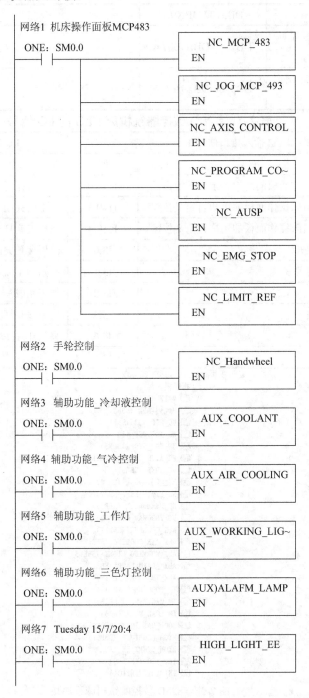

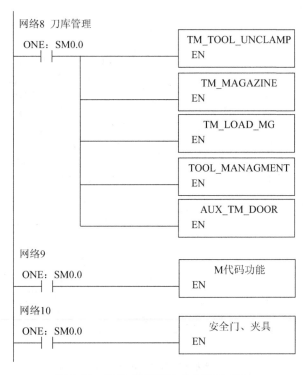

图 7-37 828D 数控雕铣机主程序 OB1

2) 子程序 M 代码功能

子程序开发了两个代码：M60(放料的玻璃板雕刻机床准备信号)，M61(玻璃板雕刻加工完成信号)，示例程序如图 7-38 所示。

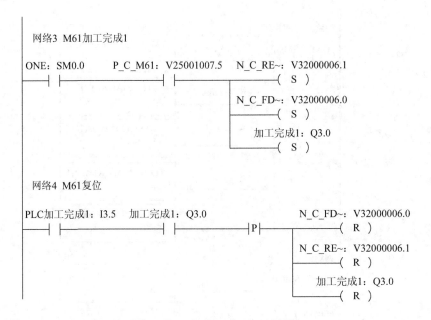

图 7-38　子程序 M 代码示例程序

3) 安全门、夹具子程序

安全门及夹具子程序示例程序如图 7-39 所示。

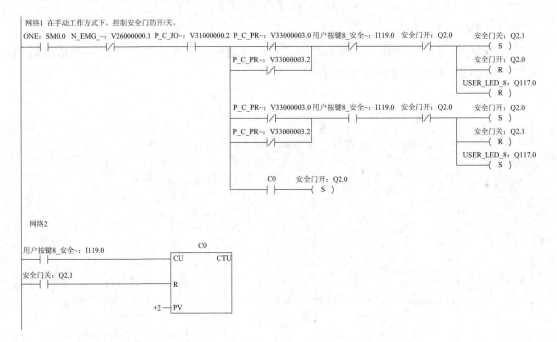

网络3 在自动工作方式下，机器人控制安全门的开/关。

```
ONE：SM0.0   P_C_AU~：V321000000.0   PLC安全门开：I3.0        安全门开：Q2.0
  ──┤├────────┤├──────────────────┬──────┤├──────────────────( S )

                                  │                           安全门关：Q2.1
                                  │                            ( R )

                                  │                           USER_LED_8：Q117.0
                                  │                            ( S )

                                  │   PLC安全门关：I3.1        安全门关：Q2.1
                                  └──────┤├──────────────────( S )

                                                              安全门开：Q2.0
                                                               ( R )

                                                              USER_LED_8：Q117.0
                                                               ( R )
```

网络6 Door open clarm

```
ONE：SM0.0   P_C_PR~：V33000003.0    安全门开：Q2.0                        M1.0
  ──┤├────┬───┤├───────────────────────┤├────────────────┤P├──────────(   )

          │   P_C_JO~：V31000000.2    安全门开：Q2.0   N_C_ST~：V32000007.1  M1.1
          │   ──┤/├───────────────────┤├──────────────┤├──────────────( S )

          │       M1.0
          │   ────┤├──────────────────────────────────────────────────┘

          │   安全门关：Q2.1                              M1.1
          ├───┤├────────────────────────────────┤P├──────( R )
          │
          │   N_C_RE~：V33000000.7
          ├───┤├───────────────┘

          │       M1.1            ALARM26：V16000003.1
          └────┤├─────────────────(   )
```

网络7 JOG夹具开关

```
ONE：SM0.0   P_C_JO~：V31000000.2   液压传感器：I4.6   用户按键4_液压~：I119.4   夹具开：Q2.2
  ──┤├────────┤├──────────────────────┤├──────┬──────┤├──────────────( S )

                                             │                        夹具关：Q2.3
                                             │                         ( R )

                                             │                        USER_LED_4：Q117.4
                                             │                         ( S )

                                             │                        USER_LED_5：Q117.3
                                             │                         ( R )

                                             │   用户按键5_液压~：I119.3   夹具关：Q2.3
                                             └──────┤├──────────────( S )

                                                                      夹具开：Q2.2
                                                                       ( R )

                                                                      USER_LED_5：Q117.3
                                                                       ( S )

                                                                      USER_LED_4：Q117.4
                                                                       ( R )
```

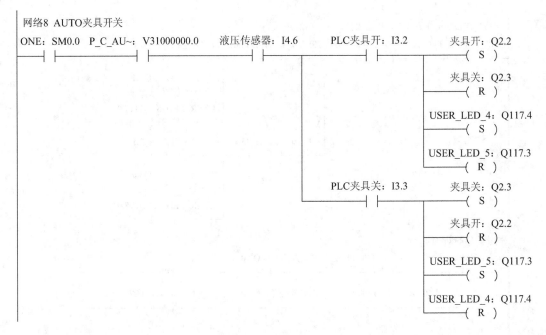

网络8 AUTO夹具开关

ONE: SM0.0　P_C_AU~: V31000000.0　液压传感器: I4.6　PLC夹具开: I3.2　夹具开: Q2.2 (S)

夹具关: Q2.3 (R)

USER_LED_4: Q117.4 (S)

USER_LED_5: Q117.3 (R)

PLC夹具关: I3.3　夹具关: Q2.3 (S)

夹具开: Q2.2 (R)

USER_LED_5: Q117.3 (S)

USER_LED_4: Q117.4 (R)

图 7-39　安全门、夹具子程序示例程序

4. 数控雕铣机床加工程序

数控雕铣机床加工程序如下：

AAA:

G54G0Z130

X300Y308.184

　M60　　　　　　　　　　　　　；放料的玻璃板雕刻机床准备信号

_____

雕刻程序省略　　　　　　　　　；雕刻加工程序

_____

M05

M61　　　　　　　　　　　　　；玻璃板在雕刻机床加工完成信号

GOTOB AAA　　　　　　　　　；程序反复循环

M30　　　　　　　　　　　　　；主程序结束符

三、川崎工业机器人在数控雕铣机床上下料

1. 控制要求

将工件从传输线的托盘搬运至数控雕铣机床液压夹具，数控雕铣机床开始加工，加工完成机器人再将工件搬运到传输线托盘上。

2. 位姿点说明

HOME 是原始点；

P1 是夹具库 1#夹具位姿点；

P2 是 P1 点基础坐标 Y 正向偏移 100，Z 负向偏移 30 的位姿点；

P3 是夹具库 2#夹具位姿点；

P4 是 P3 点基础坐标 Y 正向偏移 200，Z 负向偏移 30 的位姿点；

P5 是夹具库 3#夹具位姿点；

P6 是 P5 点基础坐标 Y 负向偏移 100，Z 负向偏移 30 的位姿点；

P7 是 4#夹具点；

P8 是 P7 点基础坐标 Y 负向偏移 100，Z 负向偏移 30 的位姿点；

P10 是传输线托盘玻璃板吸取位姿点；

P11 是相对于 HOME 的后仰安全位姿点(以免运动至 p12 时域机床安全门碰撞)；

P12 是雕铣机床安全门前安全位姿点；

P13 是玻璃板放置雕铣机床液压夹具上的位姿点。

注意：主夹具开始无夹具。

3. 川崎工业机器人接口信号

川崎工业机器人接口信号如表 7-8 所示。

表 7-8　川崎工业机器人接口信号

输出接口	输出接口功能	输入接口	输入接口功能
1	停止输出(接黄色指示灯)	1010	夹具库 1 号上是否有夹具，得电表示有夹具，失电没有夹具
2	自动运行(接绿色指示灯)	1011	夹具库 2 号上是否有夹具，得电表示有夹具，失电没有夹具
3	报警输出(接红色指示灯)	1012	夹具库 3 号上是否有夹具，得电表示有夹具，失电没有夹具
9	主夹具松开(高电平有效)	1013	夹具库 4 号上是否有夹具，得电表示有夹具，失电没有夹具
10	主夹具夹紧(9，10 不能同时得电)	1014	表示副夹具夹紧
11	副夹具松开(高电平有效)	1015	表示副夹具松开
12	副夹具夹紧(11，12 不能同时得电)	1016	主夹具头上是否安装 1 号夹具，得电表示有该夹具，失电表示没有该夹具
13	吸盘吸(高电平有效)	1017	主夹具头上是否安装 2 号夹具，得电表示有该夹具，失电表示没有该夹具
14	吸盘放(13，14 不能同时得电)	1018	主夹具头上是否安装 3 号夹具，得电表示有该夹具，失电表示没有该夹具
123	机器人回零后得电	1019	主夹具头上是否安装 4 号夹具，得电表示有该夹具，失电表示没有该夹具
126	数控雕铣机床气动门打开	1069	数控雕铣机床安全门开检测，传感器→PLC→机器人
127	数控雕铣机床气动门关闭	1070	数控雕铣机床安全门关检测，传感器→PLC→机器人

输出接口	输出接口功能	输入接口	输入接口功能
128	数控雕铣机床液压夹具打开	1071	数控雕铣机床液压夹具开检测，传感器→PLC→机器人
129	数控雕铣机床液压夹具关闭	1072	数控雕铣机床液压夹具关检测，传感器→PLC→机器人
159	雕铣机床开始一次加工，机器人→PLC→数控机床		
160	雕铣机床开始二次加工，机器人→PLC→数控机床		
161	雕铣机床加工完成，机器人→PLC→数控机床		

4. 程序分析

川崎工业机器人在数控雕铣机床上下料程序如下：

```
dxj_robot_main                    ; 程序名
x = 1                             ; 本次任务采用 1# 夹具(指定使用夹具，取值 1～4)
SPEED 50
HOME
TWAIT 0.5
WHILE BITS(1016, 4)<>0 DO         ; 主夹头是否有夹具(1#～4#)
WHILE SIG(1016) DO                ; 主夹头有 1# 夹具，放 1# 夹具
SPEED 50
LAPPRO p2, 300
SPEED 10
LMOVE p2
DRAW 0, -100, 0, , , , 10
SPEED 10
LMOVE p1
TWAIT 0.3
PULSE 9, 0.2
TWAIT 0.3
LAPPRO p1, 200
SPEED 50
HOME
END
WHILE SIG(1017) DO                ; 主夹头有 2# 夹具，放 2# 夹具
SPEED 50
LAPPRO p4, 300
```

```
SPEED 10
LMOVE p4
DRAW 0, -200, 0, , , , 10
SPEED 10
LMOVE p3
TWAIT 0.3
PULSE 9, 0.2
TWAIT 0.3
LAPPRO p3, 200
SPEED 50
HOME
END
WHILE SIG(1018) DO          ；主夹头有 3# 夹具，放 3# 夹具
SPEED 50
LAPPRO p6, 300
SPEED 10
LMOVE p6
DRAW 0, 100, 0, , , , 10
SPEED 10
LMOVE p5
TWAIT 0.3
PULSE 9, 0.2
TWAIT 0.3
LAPPRO p5, 200
SPEED 50
HOME
END
WHILE SIG(1019) DO          ；主夹头有 4# 夹具，放 4# 夹具
SPEED 50
LAPPRO p8, 300
SPEED 10
LMOVE p8
DRAW 0, 100, 0, , , , 10
SPEED 10
LMOVE p7
TWAIT 0.3
PULSE 9, 0.2
TWAIT 0.3
LAPPRO p7, 200
```

```
SPEED 50
HOME
END
END
CASE x OF                          ；根据程序开头要求，指定使用夹具
VALUE 1
IF SIG(1010) THEN
PULSE 9, 0.2
SPEED 50
LAPPRO p1, 200
SPEED 10
LMOVE p1
TWAIT 0.3
TWAIT 0.3
PULSE 10, 0.2
TWAIT 0.3
SPEED 10
LAPPRO p1, 30
DRAW 0, 100, 0, , , , 10
DRAW 0, 0, 300, , , , 50
SPEED 50
HOME
GOTO h0
ELSE
PAUSE
END
VALUE 2
IF SIG(1011) THEN
PULSE 9, 0.2
SPEED 50
LAPPRO p3, 200
SPEED 10
LMOVE p3
TWAIT 0.3
TWAIT 0.3
PULSE 10, 0.2
TWAIT 0.3
SPEED 10
LAPPRO p3, 30
```

```
DRAW 0, 200, 0, , , , 10
DRAW 0, 0, 300, , , , 50
SPEED 50
HOME
GOTO h0
ELSE
PAUSE
END
VALUE 3
IF SIG(1012) THEN
PULSE 9, 0.2
SPEED 50
LAPPRO p5, 200
SPEED 10
LMOVE p5
TWAIT 0.3
TWAIT 0.3
PULSE 10, 0.2
TWAIT 0.3
SPEED 10
LAPPRO p5, 30
DRAW 0, -100, 0, , , , 10
DRAW 0, 0, 300, , , , 50
SPEED 50
HOME
GOTO h0
ELSE
PAUSE
END
VALUE 4
IF SIG(1013) THEN
PULSE 9, 0.2
SPEED 50
LAPPRO p7, 200
SPEED 10
LMOVE p7
TWAIT 0.3
TWAIT 0.3
PULSE 10, 0.2
```

```
TWAIT 0.3
SPEED 10
LAPPRO p7, 30
DRAW 0, -100, 0, , , , 10
DRAW 0, 0, 300, , , , 50
SPEED 50
HOME
GOTO h0
ELSE
PAUSE
END
ANY:
PAUSE
END
h0:                                    ; 吸取工件程序段
CLOSEI 2
TWAIT 0.5
SPEED 30 ALWAYS
JAPPRO    p10, 200                     ; 吸取工件位姿点工件坐标 Z 轴负方向 200
LAPPRO p10
TWAIT 0.5
OPENI 3                                ; 吸取工件位姿点, 吸取工件
TWAIT 1
LAPPRO p10, 200                        ; 吸取工件位姿点工件坐标 Z 轴负方向 200
HOME
TWAIT 0.5
JMOVE p11                              ; 相对于 HOME 的后仰安全点, 以免运动至 p12 时
                                           与机床安全门碰撞

h1:
PULSE 126, 0.2                         ; 安全门开
WHILE BITS(1169, 1) == 0              ; 雕铣机床安全门开检测信号
GOTO h1
END
TWAIT 2
JMOVE p12                              ; 雕铣机床安全门前安全位姿点
LAPPRO p13, 100
h2:
PULSE 128, 0.2                         ; 液压夹具开
WHILE BITS(1171, 1) == 0              ; 雕铣机床液压夹具开检测信号
```

```
GOTO h2
END
TWAIT 1
LMOVE p13                              ；玻璃板放置雕铣机床液压夹具上的位姿点
TWAIT 0.5
CLOSEI 3                               ；不吸，放下玻璃板
TWAIT 0.5
LAPPRO p13, 100
h3:
PULSE 129, 0.2                         ；液压夹具关
WHILE BITS(1172, 1) == 0               ；雕铣机床液压夹具关检测信号
GOTO h3
END
LMOVE p12                              ；雕铣机床安全门前安全位姿点
JMOVE p11                              ；相对于 HOME 的后仰安全点
HOME
h4:
PULSE 127, 0.2                         ；安全门关
WHILE BITS(1170, 1) == 0               ；雕铣机床安全关开检测信号
GOTO h4
END
TWAIT 0.5
PULSE 159, 0.3                         ；雕铣机床开始一次加工
h5:
WHILE BITS(1118, 1) == 0               ；雕铣机床一次加工完成等待
GOTO h5
END
PULSE 160, 0.3 或 PULSE 161, 0.3        ；雕铣机床加工完成，机床复位开始
h6:
PULSE 126, 0.2                         ；安全门开
WHILE BITS(1169, 1) == 0               ；雕铣机床安全门开检测信号
GOTO h6
END
TWAIT 2
JMOVE p11                              ；相对于 HOME 的后仰安全点
JMOVE p12                              ；雕铣机床安全门前安全位姿点
LAPPRO p13, 100
LMOVE p13                              ；玻璃板放置雕铣机床液压夹具上的位姿点
TWAIT 0.5
```

```
OPENI 3                          ; 吸住工件
TWAIT 0.5
h7:
PULSE 128, 0.2                   ; 液压夹具开
WHILE BITS(1171, 1) == 0         ; 雕铣机床液压夹具开检测信号
GOTO h7
END
LAPPRO p13, 100                  ; 吸住工件提起
LMOVE p12                        ; 雕铣机床安全门前安全位姿点
                                 ; 相对于 HOME 的后仰安全点

JMOVE p11
HOME
JAPPRO p10, 100
LMOVE p10                        ; 放回工件
CLOSEI 3
TWAIT 0.5
LAPPRO p10, 100
HOME
h8:                              ; 死循环
GOTO h8
```

参 考 文 献

[1] 汤世松，项余建，吴连红，等. 工业机器人在液压机冲压自动生产线中的应用[J]. 锻压装备与制造技术，2017(03)：34-37.

[2] 陈丕立，梁为栋，王勇杰，等. 基于工业机器人的不锈钢复合底锅压力焊自动化生产线设计[J]. 机电工程技术，2017(08)：87-90.

[3] 王吉岱，王明鹏. 基于视觉引导的自动码放生产线设计[J]. 包装工程，2017(11)：148-152.

[4] 呼刚义，杨新刚，关雄飞，等. 一种 PLC 控制的物料交接柔性机械手系统[J]. 制造业自动化，2017(04)：121-124.

[5] 霍兵，郁汉琪. 工业机器人在 MPS 自动生产线中的应用[J]. 南京工程学院学报：自然科学版，2015(01)：49-52.

[6] 王富春. 基于工业机器人的自动生产线组建技术研究[J]. 科技创新与应用，2015(02)：92.

[7] 陈祝权，林粤科，张晓瑾，等. 基于机器人浮动功能的冰箱压缩机曲轴磨削生产线研究[J]. 机床与液压，2014(03)：20-23.

[8] 臧纯. 基于实时以太网技术的机器人运动控制系统开发[D]. 北京：北京工业大学，2014.

[9] 王伟国. 激光焊接工艺的应用集成及方案优化[D]. 大连：大连理工大学，2014.

[10] 魏志丽. 基于 Profibus_DP 的工业机器人在自动生产线中的循环操作控制[J]. 机电工程技术，2013(06)：25-27.

[11] 马恒印. 离合器压盘烧结自动生产线的设计与研究[D]. 青岛：青岛科技大学，2013.

[12] 张媛媛. 5R 关节型机械手机构分析与控制仿真的研究[D]. 沈阳：沈阳工业大学，2012.

[13] 谢军华，张永东，徐源. 基于 GSK 数控系统及工业机器人的智能化车间生产管理系统研究[J]. 机电工程技术，2012(08)：17-18.

[14] 王峥，张宜生，刘会强. 热冲压生产线中工业机器人输送路径的优化[J]. 锻压技术，2012(03)：36-39.

[15] 郭洪红. 工业机器人技术[M]. 西安：西安电子科技大学出版社，2012.

[16] 蒋刚，龚迪琛，蔡勇，等. 工业机器人[M]. 成都：西南交通大学出版社，2011.

[17] 肖南峰. 工业机器人[M]. 北京：机械工业出版社，2011.

[18] 赵卯，孙国林. 点焊机器人系统应用特点[J]. 金属加工(热加工)，2010(08)：30-31.

[19] 韩建海. 工业机器人[M]. 武汉：华中科技大学出版社，2009.

[20] 刘文波，陈白宁，段智敏. 工业机器人[M]. 沈阳：东北大学出版社，2007.

[21] 熊有伦. 机器人技术基础[M]. 武汉：华中科技大学出版社，1996.

[22] 熊有伦，丁汉，刘恩沧. 机器人学[M]. 北京：机械工业出版社，1993.